HANGJIA
DAINIXUAN

行家带你选

红 木

姚江波 ／ 著

中国林业出版社

图书在版编目(CIP)数据

　　红木／姚江波著．－北京：中国林业出版社，2019.6
　　（行家带你选）
　　ISBN 978-7-5038-9981-2

　　Ⅰ.①红…　Ⅱ.①姚…　Ⅲ.①红木科－木制品－鉴定－中国
Ⅳ.① TS66

　　中国版本图书馆 CIP 数据核字 (2019) 第 047395 号

策划编辑　徐小英
责任编辑　何　鹏　梁翔云　葛　洋
美术编辑　赵　芳　刘媚娜

出　　版　中国林业出版社(100009 北京西城区刘海胡同7号)
　　　　　http://www.forestry.gov.cn/lycb.html
　　　　　E-mail:forestbook@163.com 电话：(010)83143515
发　　行　中国林业出版社
设计制作　北京捷艺轩彩印制版技术有限公司
印　　刷　北京中科印刷有限公司
版　　次　2019 年 6 月第 1 版
印　　次　2019 年 6 月第 1 次
开　　本　185mm×245mm
字　　数　169 千字（插图约 380 幅）
印　　张　10
定　　价　65.00 元

小叶紫檀四季豆

红酸枝茶杯·当代仿古

紫油梨碗（三维复原色彩图）

红酸枝茶几·当代仿明清

◎ 前 言

红木是明清以来人们对优质硬木的总称，具有家具和艺术品的双重功能。红木自明清以来异常鼎盛，可谓是日盛一日。红木种类也是不断扩大，已从明清时期狭义老红木概念发展到当代广义红木概念的五属八类二十九个树种。

黄花梨、小叶紫檀、红酸枝、花梨木、鸡翅木、乌木、安达曼紫檀、奥氏黄檀、巴里黄檀、伯利兹黄檀、刺猬紫檀等，犹如灿烂星河，群星璀璨。红木的流行并不是偶然的，而是由其木性稳定的固有特征所决定，因此红木必将随着人们生活质量的提高而获得深度发展。特别是黄花梨、小叶紫檀、老红木等名品流行最广，几乎贯穿了整个中国古代红木家具史，成为宫廷和老百姓在市井之上主要使用的家具；人们还将红木雕琢成精美绝伦的艺术品。红木在造型上异常丰富，如衣架、圈椅、书架、书桌、躺椅、交杌、首饰盒、方凳、围屏、画匣、脚凳、官帽椅、折扇、书箱、平头案、翘头案、圆角柜、方角柜、炕桌、鸟笼、水盂、倭角盘、洗、盂、带钩、风车、围棋盒、帖架、长条桌、盆架、罗汉床、蝉凳、画案、提盒、长颈瓶、药箱、帖盒、响板、碗、棋桌、万历柜、箱柜、交椅、画桌、架子床、三连柜、背靠椅、梳背椅等都常见，可见造型之丰富，几乎是集

红酸枝柜子·当代仿明清

历史之大成，造型隽永，雕刻凝练，精品力作频现。不同品种的红木可能更倾向于制作不同的家具或者器皿，如厚瓣乌木较为适合制作串珠、手把件等；而毛药乌木则常见制作床榻、太师椅、沙发等。总之，人们对红木趋之若鹜，红木在中国获得了最大的发展。红木在功能上特征明晰，主要是为了实用的需要，同时红木在发展的过程当中被赋予了诸多的文化内涵，因此使其功能变得多元化，如象征财富、收藏、装饰、陶冶情操、保值、升值等功能。像黄花梨本身是中药，兼有很多重要的保健作用，等等。目前红木资源已经十分稀缺，特别是红木中的一些价值较高者，如黄花梨目前最高价位已经达到每吨亿元，但代价是海南黄花梨目前已经成为濒危树种之一。因此，我们在把玩和体味红木之韵时也要注意收藏数量的合理化，让这些几百甚至上千年才能长成的木中佼佼者能够继续穿越时空，走向未来。

中国古代红木虽然离我们远去，但人们对它的记忆是深刻的，这一点反应在收藏市场之上。明清家具及仿古明清红木家具受到了人们的热捧，实际上各种古代红木制品在市场上都有交易。由于中国古代红木制品是人们日常生活当中真正在使用着的用具，生产规模巨大，从客观上看收藏到古代红木的可能性比较大。但古代红木制品造型简单，所使用木料较少，作伪技术含量较低等特点，也注定了各种各样伪的红木频出，成为市场上的鸡肋。高仿品与低仿品同在，鱼龙混杂，真伪难辨，红木鉴定成为一大难题。本书从文物鉴定角度出发，力求将错综复杂的问题简单化，以木质、造型、厚薄、风格、纹饰、打磨、工艺等鉴定要素为切入点，具体而细微地指导收藏爱好者由一件红木的细部去鉴别红木之真假、评估红木之价值，力求做到使藏友读后由外行变为内行，真正领悟收藏，从收藏中受益。以上是本书所要坚持的初衷，但一种信念再强烈，也不免会有缺陷，希望不妥之处，大家给予无私的指正和帮助。

姚江波

2019 年 5 月

◎ 目 录

海黄紫油梨耳勺

海黄"梅兰竹菊"君子吊坠

海黄紫油梨"节节高"竹节

前　言 /4

第一章　质地鉴定 /1

　第一节　概　述 /1
　　一、概　念 /1
　　二、老红木 /6
　　三、新红木 /8
　　四、渐　变 /10
　　五、产地及产量 /11
　　六、俗　称 /26

　第二节　质地鉴定 /35
　　一、变　色 /35
　　二、色　彩 /37

　　三、香　韵 /50
　　四、生长轮 /64
　　五、纹　理 /68

第二章　造型鉴定 /72

　第一节　器形鉴定 /72
　　一、时代特征 /74
　　二、件数特征 /76
　　三、功能特征 /78
　　四、规整程度 /81
　　五、写实与写意 /82

　第二节　材质与造型 /83
　　一、黄花梨 /83

　　二、紫　檀 /87
　　三、红酸枝 /91
　　四、花梨木 /94
　　五、鸡翅木 /96
　　六、条纹乌木类 /98
　　七、黑酸枝类 /98
　　八、乌木类 /99

第三章　形制鉴定 /100

　第一节　珠　形 /100
　第二节　圆柱形 /102
　第三节　长方形 /105
　第四节　椭圆形 /107

老挝红酸枝簪子

缅甸花梨簪子

小叶紫檀葫芦

第五节　正方形 / 108
第六节　圆　形 / 110
第七节　橄榄形 / 113
第八节　体　积 / 114

第四章　识市场 / 118
第一节　逛市场 / 118
　一、国有文物商店 / 118
　二、大中型古玩市场 / 124
　三、自发形成的古玩市场 / 127
　四、大型商场 / 130
　五、大型展会 / 132
　六、网上淘宝 / 134
　七、拍卖行 / 135
　八、典当行 / 137
　九、大型家具市场 / 139
第二节　评价格 / 141
　一、市场参考价 / 141
　二、砍价技巧 / 143
第三节　懂保养 / 144
　一、清　洗 / 144
　二、修　复 / 145
　三、防止暴晒 / 145
　四、防止污染 / 145
　五、日常维护 / 146
　六、相对温度 / 148
　七、相对湿度 / 148
第四节　市场趋势 / 149
　一、价值判断 / 149
　二、保值与升值 / 150

参考文献 / 151

红酸枝芭蕉扇（交趾黄檀）

第一章　质地鉴定

第一节　概　述

一、概　念

红木不是特定的树木，而是对于明清以来稀有硬木材质的总称。实际上关于红木的定义是一个相当复杂的问题，目前主要有两种观点。

红酸枝茶壶·当代仿古

（1）狭义红木。赵汝珍《古玩指南》载"凡木之红色者，均可谓之红木。唯世俗所谓红木者，乃系木之一种，专名词非指红色木言也"，其意说的是红色的木头称之为红木，但又说红木概念又不仅仅是红色木头这么简单。从传世器物和发现记载来看，实际上至迟在清代狭义红木概念已经确定，指的是酸枝类木。但由于受到当时运输能力的限制，人们还没有能力像现在一样从非洲和美洲等地进口酸枝木，所以传统红木中没有我们现在的非洲和美洲酸枝木概念。由此可见，中国古代红木概念的确是相当狭义，它与紫檀、黄花梨等截然分开。但狭义红木概念比较具体，时代为明清时期，主要以清代中叶以后为主。

红酸枝茶几·当代仿明清

红酸枝圈椅·当代仿明清

红酸枝柜子（局部）·当代仿明清

（2）广义红木。广义红木的概念主要是指当代红木。红木在发展过程当中概念也在不断发展，近乎一统了稀有硬木的种类。最新修订的中华人民共和国国家标准《红木》（GB/T18107—2017）涵盖五属八类二十九种（而 2000 年发布实施的《红木》国家标准 GB/T18107—2000 规定的红木则是五属八类三十三种），这些材质的心材都可以称之为红木。

五属指：紫檀属、黄檀属、崖豆属、决明属、柿属。其中黄檀属包含香枝木类、黑酸枝木类、红酸枝木类三类；柿属包含乌木类和条纹乌木类两类；崖豆属和决明属同属于鸡翅木类；紫檀属包含紫檀木类和花梨木类两类。

缅甸花梨簪子   小叶紫檀四季豆

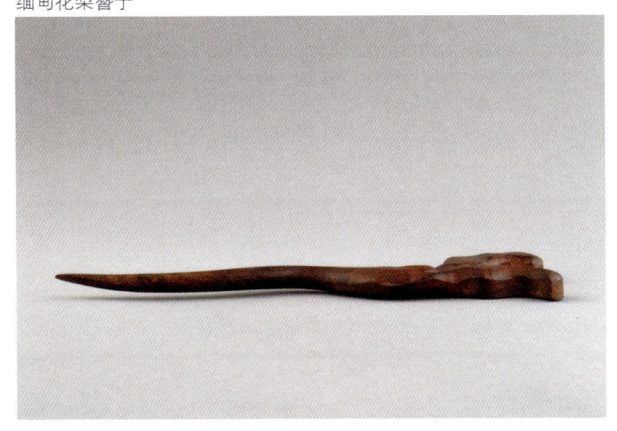

缅甸花梨手串（鸟足紫檀）

　　八类指：紫檀木类、花梨木类、香枝木类、黑酸枝木类、红酸枝木类、乌木类、条纹乌木类、鸡翅木类。其中黑酸枝类包含刀状黑黄檀、阔叶黄檀、卢氏黑黄檀、东非黑黄檀、巴西黑黄檀、亚马孙黄檀、伯利兹黄檀；香枝木类包含降香黄檀；红酸枝木类包含巴里黄檀、赛州黄檀、交趾黄檀、绒毛黄檀、中美洲黄檀、奥氏黄檀、微凹黄檀；乌木类包含乌木、厚瓣乌木；条纹乌木类包含苏拉威西乌木、菲律宾乌木、毛药乌木；鸡翅木类包含非洲崖豆木、白花崖豆木、铁刀木；紫檀木类包含檀香紫檀；花梨木类包含安达曼紫檀、刺猬紫檀、印度紫檀、大果紫檀、囊状紫檀。

　　二十九个树种是：檀香紫檀、安达曼紫檀、刺猬紫檀、印度紫檀、大果紫檀、囊状紫檀、降香黄檀、刀状黑黄檀、阔叶黄檀、卢氏黑黄檀、东非黑黄檀、巴西黑黄檀、亚马孙黄檀、伯利兹黄檀、巴里黄檀、赛州黄檀、交趾黄檀、绒毛黄檀、中美洲黄檀、奥氏黄檀、微凹黄檀、非洲崖豆木、白花崖豆木、铁刀木、厚瓣乌木、乌木、苏拉

海黄紫油梨"节节高"竹节　　　小叶紫檀莲子　　　　　　　　　酸枝手串

小叶紫檀标本（檀香紫檀）

海黄"梅兰竹菊"君子吊坠

威西乌木、菲律宾乌木、毛药乌木。

由此可见，红木的概念可以说是在当代取得了突破性的发展，已经完全突破了明清时期狭义红木的概念，将众多的硬质木材纳入到了红木的范畴。我们可以看到广义红木概念中木质是参差不齐的，广义红木概念开创性地将过去一些非常稀有和优质的木材，如小叶紫檀、黄花梨等纳入了进来，深得人心，取得了绝大多数人的认可。但是也有人反对将过多的硬质木材列入红木范畴。

本书认为实际上木质本身并不存在优与劣，只是用途不同罢了，这样国家标准将这些材质归类红木显然是很正常的，而且有可能随着时间的发展红木的概念还会进一步扩大。红木实际上是一个不断被发现的过程，但在商业上没有被列入国家红木标准的木材很难在市场上获得认可，因此我们在鉴定时应注意到广义红木和狭义红木在概念上的区别。从数量上看，广义红木常见，在总量上具有相当规模，可以满足人们日常生活的各种需要。从时代上看，广义红木产品以当代为主，时代跨度较大，明清至当代常见。

红酸枝芭蕉扇〔交趾黄檀〕

二、老红木

老红木的概念具有一定的复杂性，主要是指明清时期我国从东南亚一带进口的红木原料。当时人们就认识到红木生长周期很长，好的红木生长周期需要五六百年时间，所以大量收购了东南亚一带的红木原材作为备料，如交趾黄檀等。这些备料很珍贵，因为实际上由于当时人们的备料心理，导致了非常严重的后果，就是当时人们认为红木几乎被砍伐殆尽。但也正是因为人们"惜"料，所以留下了很大一部分没有使用的原木，通常称为老红木。

这种备料的习惯在明清时期不仅仅用在红木上，其他的珍稀材质也是这样。在明清时期，宫廷都专门建立有红木库，大量地搜集备料，以满足宫廷之内对于优质红木的不时之需。老红木由于在当时选拔的标准比较严格，多是时间很长的成材，再加之又在砍伐之后存在了数百年时间，也相当于自然风干了数百年，树木心材变得

红酸枝柜子·当代仿明清

红酸枝柜子·当代仿明清

更加致密、坚硬、稳定性更强。通常由于时间过长，往往深红色的色彩中常常泛有黑、褐、紫等色，这种色彩比其自然色更加深沉，具有时间的质感，这是木材在放置时间长久以后的自然特点，同时也是老红木区别于新红木的特点。老红木承载着众多历史信息，是当时人们对于红木需求的见证，具有文物的价值。同时，由于材质的特点，在经历了数百年穿越之后，不仅在质地上没有腐烂变质，而且更加的坚韧、耐用，实用功能进一步增强。这样老红木在人们心中的分量就特别重，其在当代的价值特别高，具有相当强的保值和升值潜力，是收藏者孜孜以求的。我们在鉴定时应注意分辨。

另外，一般情况下老红木会有酸味，用电锯开料之后，这种酸味会扑面而来；经过在空气中氧化一段时间后，酸味通常不会扑面而来，如果我们靠上去，还是可以闻到，但不是辛辣刺激的酸味，而是淡淡的，非常醇厚，为木质自发而形成。一般情况下就像是柿子醋一样的酸味，但不会像沉香那样香味那么强，也不会有往鼻子里钻的感觉，这种特殊的酸味需要我们在鉴定中仔细体会。

红酸枝微型茶几圈椅组合·当代仿明清

红酸枝茶壶、杯组合·当代仿古

三、新红木

　　新红木是相对于老红木而言的，新红木顾名思义就是当代新采伐的红木。当代红木当中很少有明清时期采伐的料，实际上大的料在清末民国时期已经被砍伐殆尽，当代很少能够再找到像老红木那样大的料，所以新红木所砍伐料主要是产于东南亚一带的奥氏黄檀。这种料实际上明清时期的人也深入研究过，并不是像有些研究所述的那样在当时没有发现。试想一下，在当时交趾黄檀几乎被砍伐殆尽的时候怎么会没有发现奥氏黄檀呢，其原因是奥氏黄檀与交趾黄檀虽然都是属于酸枝木，但是二者在品质上还是具有很大差别。比如，老红木更加细腻，就材质来讲老红木的年轮就不是很明显，而奥氏黄檀的年轮则是比较明显。但这只是整体的情况，不具有个体的相比性。总之，当时人们应该是发现了老红木与我们现在的新红木在品质上有差别。这也是我们当代能够砍伐到新红木的原因，不然根本轮不到当代人去砍伐所谓的新红木。再者新红木与老红木的一个重要区别就是在风干的时间上。当代砍伐的红木一般都是通过技术手段进行干燥，但干燥并不能阻止木材内部结构随着时间的变化而发生的诸多变化。实际上，从理论上讲，任何木材最终都会腐烂变质，化为乌有，只是时间长短的问题，有的可能需要几年，而有的则需要几千年，但最终都不能阻止自然规律。同样新红木的内部结构也是这样，在变化的过程当中自然不稳定的因素就会出现，这也是导致新红木有时会略有变形的原因，不如老红木稳定。新红木既然采

红酸枝茶杯·当代仿古

伐下来就是为了制作家具、工艺品等，
没有商家愿意去像老红木那样存放几百年时
间再去进行使用，因此没有必要过多纠结于新红木和老红
木在品质上的一些差别，也不要期望新红木能像老红木那样的品质，
因为这是由时间所造成的。鉴定时我们应注意体会新红木与老红木
的区别。

酸枝手串

四、渐 变

红木在色彩上存在着比较浓重的渐变气氛，常见的如卢氏黑黄檀在色彩上渐变气氛就重，用该料制作的珠子，刚出来时是橘红色的，但是盘玩的时间久以后，发现色彩向深色转变，进而偏紫，而且越来越浓，有的时候近乎发黑，被人们称之为黑紫。当然不仅仅是卢氏黑黄檀有这种渐变气氛，而是很多都有。如檀香紫檀的色彩基本和卢氏黑黄檀差不多，最后都会变成浓重的深紫色。当然不是说所有的红木渐变色彩都会成为黑紫色，而是不同材质的红木在色彩渐变上会有所不同，主要是渐变气氛的轻重不同，但或多或少红木都会有渐变的倾向。这一点我们在鉴定时应注意分辨。

小叶紫檀葫芦

小叶紫檀"连生贵子"

红酸枝抽屉·当代仿明清

五、产地及产量

产地对于红木鉴定十分重要，因为不同的树木需要不同的生长环境，一方水土养一种红木，这是不变的事实，下面我们来简单看一下。

1. 黑酸枝木类

黑酸枝木类在产地上特征比较清晰，分布比较广泛，各个地区都有见，亚洲、非洲、美洲都有见，不同种类的黑酸枝木在分布上不同。

刀状黑黄檀主要以缅甸为多见，这得益于缅甸对于采伐的有效管控。此外，泰国、老挝、柬埔寨、越南，包括我国都有见，但目前世界上除缅甸之外，都是零星出现，如我国刀状黑黄檀基本上被砍伐殆尽，基本没有成材的。

阔叶黄檀著名的产地是印度、印度尼西亚、尼泊尔、巴基斯坦等，实际上这种热带树木只要在环境适合的地方都有可能见到，东南亚的许多国家都有见，如越南、菲律宾、缅甸、斯里兰卡等国都有见，只是在数量上并不是很多。另外，非洲一些国家过去没有这一树种，但是环境非常适合阔叶黄檀的生长，如尼日利亚、乌干达、坦桑尼亚等许多国家都种植这种红木，可见阔叶黄檀的复兴应该是可以期望的。

卢氏黑黄檀主要产地是马达加斯加，这种树被称为大叶紫檀，与人们常说的小叶紫檀有相似之处，目前就产量而言还是有一定的量，不是过于珍稀的树种。

东非黑黄檀顾名思义主要分布在非洲东部国家，如塞内加尔、坦桑尼亚、莫桑比克等地，目前有一定的产量，不过这种木材成长周期非常慢，时间长的有 1000 年左右，一般的也需要 800 年，特别致密，目前市场价位不高，很有可能会成为下一个资本炒作的对象，我们在收藏时应注意到这一点，在价位合适的情况下可以收藏。

巴西黑黄檀正如它的名字一样非常具体，主产地就是巴西，当然巴西以外的地方只要是环境合适也会有生长，只是数量很少，几乎可以忽略不计。从数量上看，巴西黑黄檀已经濒临灭绝，因为它太有名了，在美国及欧洲地区的一些国家其知名度非常之高，相当于海南黄花梨和印度的小叶紫檀，所以近乎被砍伐殆尽，目前产量很少，在中国市场上流行看来是不可能了。

亚马孙黄檀也是一个具有地域名称的树种，因为亚马孙河的热带雨林大部分分布在巴西，红木基本上都是热带雨林树种，所以很自然它的产地是巴西。从产量上看，亚马孙黄檀有一定的产量，这与巴西地广人稀有关，目前进口料中有相当一部分是亚马孙黄檀，鉴定时应注意分辨。

伯利兹黄檀顾名思义产地主要为伯利兹，这个国家的林业是其经济的重要组成部分，所以目前来看伯利兹黄檀在产量上有一定的量，可以比较容易地进口到，目前在市场上也是比较常见，但伯利兹黄檀并不属于一种特别高档的红木，我们在鉴定时应注意分辨。

紫光檀（东非黑黄檀）

紫光檀（东非黑黄檀）

紫光檀（东非黑黄檀）

老挝红酸枝簪子

2. 红酸枝木类

红酸枝木类产地特征比较清晰，主要分布在亚洲、美洲的热带雨林当中，在产量上特征比较复杂。

巴里黄檀在东南亚的雨林中都有见，因为亚洲的热带雨林几乎都适合其生长。从产量上看，老挝、柬埔寨为多见，其他国家也是零星有见。

赛州黄檀主要生长于巴西的丘陵地带，久负盛名，欧洲王室都有使用。从产量上看，有一定的量，目前中国也是较多进口，是实际在使用的重要红木品种之一。

交趾黄檀是大家较为熟悉的一种红木品种，产地也是非常的广，整个东南亚的热带雨林非常适应其生长的需要，产地包括柬埔寨、越南、泰国、缅甸等国家，其他国家和地区也有见，但多为偶见。从产量上看，以柬埔寨为最多，其次是泰国，越南数量较少，缅甸可能只是零星分布，目前在国内市场交趾黄檀红木也是比较珍贵，已步入收藏级别，鉴定时应注意分辨。

绒毛黄檀主要生长在巴西的热带雨林当中，墨西哥也有见。从产量上看，主要以巴西为主，有一定的量，是巴西目前出口红木的重要品种。而墨西哥在产量上比较少，以零星存在为主，当然也有出口。目前中国进口绒毛黄檀的来源主要是巴西，墨西哥也有见，这种红木在未来也应该很有收藏价值。

中美洲黄檀的产地正如其名字那样是中美洲，如墨西哥、尼加拉瓜、哥斯达黎加、危地马拉等国都比较常见。从产量上看，不是太大，属于国际濒危树种，进口受到一定的限制，目前在我国常见，有一定的升值潜力。

酸枝手串

　　奥氏黄檀在产地上特征比较明确，主要分布在东南亚一带，如泰国、老挝、缅甸等国的雨林中都比较常见。从产量上看，比较大，是目前主流的红木原料，也被人们称为新红木，有一定的收藏价值。

　　微凹黄檀产地特征比较明确，如伯利兹、萨尔瓦多、墨西哥、尼加拉瓜、哥斯达黎加、巴拿马、危地马拉、洪都拉斯等国都有见，可见主要产于中美洲，是中美洲著名的红木种类。但从产量上看，虽然诸多国家都有产，但目前产量并不多，而且各国对于出口均有一定的限制性措施，鉴定时应引起注意。

老挝红酸枝簪子

红酸枝（交趾黄檀）

交趾黄檀标本

奥氏黄檀原木

酸枝手串

缅甸花梨簪子　　　　　　　　　　　　非洲花梨串珠（刺猬紫檀）

3. 花梨木类

花梨木类的红木常见。从产量上看，花梨木类有一定的量，在目前的红木市场上比较常见，目前的价位并不算高，但随着资源的逐渐枯竭，相信未来的升值潜力还是比较大。鉴定时应注意分辨。

安达曼紫檀主要产于印度的安达曼群岛，北安达曼群岛、中安达曼群岛和南安达曼群岛、兰德法耳岛、北安达曼岛等都非常适合安达曼紫檀的生长。从产量上看，有一定的量，在我国市场上常见，具有一定的收藏价值。

刺猬紫檀主要产自非洲的热带雨林当中，如科特迪瓦、冈比亚、塞内加尔、莫桑比克、几内亚比绍等国家都有见。在产量上，科特迪瓦、冈比亚、塞内加尔等比较常见，几内亚比绍可能少一些。但总的来看，各个国家都有一定的量，刺猬紫檀目前并不是特别珍贵的红木材质。但是随着资源的减少，日后收藏的潜力巨大。

印度紫檀主要生长在亚洲的热带雨林中，产地很多，如中国、印度、缅甸、马来西亚、印度尼西亚、菲律宾、巴布亚新几内亚等国都有见。从产量上看，比较常见，目前在我国有一定的总量。印度紫檀并不是一种十分高级的红木材质，但价格也不贵，具有一定的收藏价值。

红花梨（囊状紫檀）

　　大果紫檀在产地特征上十分明确，就是东南亚一带为多见，如缅甸、老挝、泰国、越南、柬埔寨、新加坡等国家都有见。从产量上看，有一定的量，但多数零星分布。随着时间的推移，大果紫檀原木将会越来越少，因此具有相当高的升值潜力。

　　囊状紫檀在产地上主要分布在印度，在产量上有一定的量，目前我国市场上比较常见，具有很高的收藏价值。

缅甸花梨手串（大果紫檀）

4. 鸡翅木类

鸡翅木类的红木比较常见，共有非洲崖豆木、白花崖豆木、铁刀木三种分布主要是东南亚及非洲，近些年来我国的广东地区也有见，产量有一定的量。

非洲崖豆木顾名思义是生长在非洲的一种红木品种，如刚果、喀麦隆、扎伊尔等国都比较常见。从产量上看有一定的量，是目前红木当中重要的品种。

白花崖豆木主要生长在东南亚一带，如缅甸、老挝、泰国等国都有见，在产量上有一定的量，是我国进口红木的重要品种，鉴定时应注意分辨。

铁刀木在生长环境上适应性较强，主要分布在中国及东南亚一带，如中国的云南、广东、广西等地，以及印度、孟加拉国、斯里兰卡等国家都有产。从产量上看有一定的量，目前红木产品中常见。

鸡翅木串珠

鸡翅木串珠

鸡翅木串珠

鸡翅木串珠

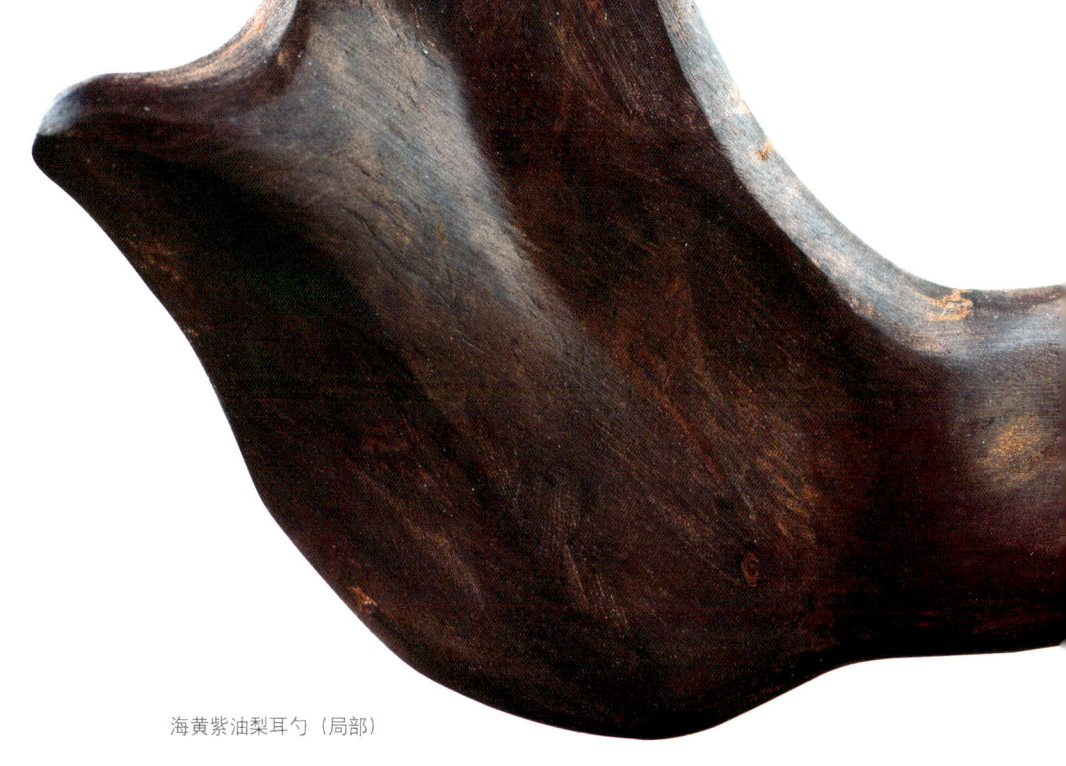

海黄紫油梨耳勺（局部）

5. 条纹乌木类

条纹乌木类的红木比较常见，这种红木主要生长在东南亚地区，主要有三种比较著名，为苏拉威西乌木、菲律宾乌木和毛药乌木。从产量上看比较常见，目前是红木交易中的重头戏，但相信很快这种红木的资源便会枯竭，因为砍伐的速度远比生长要快得多。目前还不算是非常名贵的红木，我国市场上有很多，鉴定时应注意分辨。

苏拉威西乌木主要产地是印度尼西亚，主要生长在苏拉威西岛的亚热带气候中，生长周期比较长，可谓是千年乌木。从产量上看，已是濒危物种，禁止砍伐和国家贸易，非常珍贵，其收藏、保值、升值的潜力巨大。

菲律宾乌木主要产地就是菲律宾，是菲律宾最好的木材品种之一。

毛药乌木的主要产地是菲律宾，从产量上看有一定的量，但也并不是太多，是目前我国红木中的重要品种。

海南黄花梨标本（降香黄檀）

6. 香枝木类

香枝木类仅包含降香黄檀一种。降香黄檀是红木中的佼佼者，俗称黄花梨、海南黄花梨，是收藏者孜孜以求的。主要产地及原产地是我国的海南岛，在海南岛上零星地分布着，现在东方、乐东、白沙等地可以看到极少数野生降香黄檀，同时也可以看到种植的小树。

从产量上看，早在明清时期，成材的大树就被砍伐殆尽，已经濒临灭绝。新中国成立后进行了最为严格的保护措施，制止了盗伐盗采的势头，总之现在还是濒危物种，几乎谈不上产量。在原产地之外的广东、福建等地也有引种，但成活率不高，效果不佳，还需要摸索。另外，东南亚一带的国家，也有基本相似于海南岛的气候和环境，如越南、巴基斯坦等国家也有一些引种，但事实证明效果并不是特别好。总之，东南亚引种的与正宗的海南黄花梨在品质上还是或多或少具有细微的差别，因此真正在收藏市场上风生水起者还是海南黄花梨，这是红木收藏爱好者公认的红木极品。鉴定时应注意分辨。

海黄紫油梨"节节高"竹节

海黄"梅兰竹菊"君子吊坠

越南黄花梨鱼

越南黄花梨鱼

越南黄花梨鱼

海黄"梅兰竹菊"君子吊坠

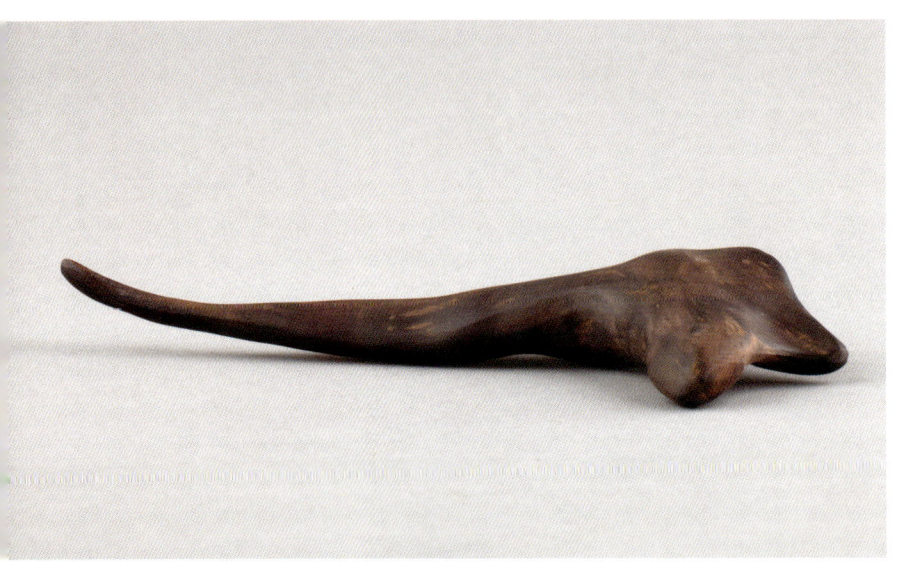

海黄紫油梨耳勺

海黄紫油梨耳勺

小叶紫檀"连生贵子"

7. 乌木类

乌木类的红木包含乌木、厚瓣乌木两种，在世界上各个地区都比较常见，主要产于东南亚、印度、西非，在产量上有一定的量，为红木当中常见的品种。从产量上看，基本上被砍伐殆尽，目前需要保护，谈不上大量出口，鉴定时应注意。

乌木比较常见，其生长环境适应性较强，可以说分布于全球的许多国家和地区。我国的海南、云南、台湾等地都有见，但以零星分布为主。东南亚的缅甸、越南、印度、印度尼西亚、斯里兰卡、泰国、柬埔寨、老挝，以及加蓬等非洲国家都有产。但从产量上看，能够形成商业规模的国家却不是太多，以印度和斯里兰卡规模大一些。乌木是红木当中重要的品种，在鉴定时要注意与产于我国四川的非红木概念乌木区分开来。

厚瓣乌木主要生长的地区是非洲热带地区，如尼日利亚、安哥拉等国家产量都比较大，在总量上有一定的量，是目前我国进口红木的重要品种。

小叶紫檀葫芦

8. 紫檀木类

紫檀木类仅包含檀香紫檀一种。檀香紫檀是红木中的佼佼者，俗称小叶紫檀，是红木当中真正的王者。其木材密度特别大，棕眼特别小，材质特别优，在明清时期已经是家喻户晓，当代更是名贵如金，主要以印度檀香紫檀为最好。

通常人们所说的紫檀实际上指的是印度产的小叶紫檀。但实际上其他国家也有产，如中国、泰国、马来西亚等亚热带地区都有见。我国主要是在云南、广东有见，但是产量极低，品质不高，主要是零星分布，从明清以来便是这样，其他国家产量也不是很多，主要以印度产量为最大。

檀香紫檀不仅仅在材质上是极品，而且具有相当的人文内涵，尤其在我国是收藏者孜孜以求的，具有相当的价值和保值、升值的潜力。鉴定时应注意分辨。

小叶紫檀"成就大业"

小叶紫檀四季豆

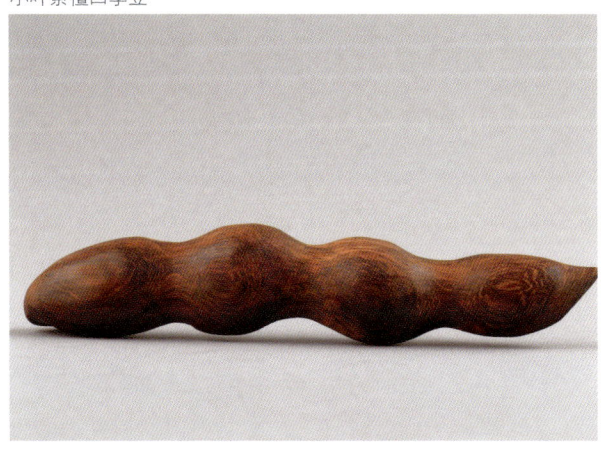

小叶紫檀蘑菇

小叶紫檀手串

小叶紫檀手串

小叶紫檀标本（檀香紫檀）　　　　小叶紫檀珠

六、俗 称

　　红木由于产自世界各地，因此每个地方对其称谓也不同。有很多红木除了学名之外还有很多别名，也就是老百姓所说的俗称。比如，檀香紫檀俗称小叶紫檀，而小叶紫檀显然比其真正的名字檀香紫檀还要有名。再如，降香黄檀的俗称是黄花梨，可能说降香紫檀没有人知道，但是如果说黄花梨可能全中国人没有几个不知道的。因此红木的俗称显然也形成了一种文化，在红木研究中不能忽视，同时也是红木鉴定的基础。不然就会出现说的是哪种材质，但是双方都听不明白的情况，特别是国外进口而来的红木更会出现这种情况。其实红木是一种文化，被赋予了相当浓重的人文情怀，是人赋予了红木名贵与普通，也就是说实际上红木本身并不名贵，只有人赋予其力量之后才会变得名贵，才具有了象征财富、身份、地位等诸多方面的功能。这样我们就来看一下世界上不同地区的人们对于红木不同的称呼，也就是不同种类的红木都有哪些昵称呢？

小叶紫檀串珠　　　　　　　　　　黄花梨串珠

红酸枝柜子·当代仿明清

1. 黑酸枝木类

黑酸枝木类的俗称比较丰富，我们具体来看一下：从刀状黑黄檀上看，黑酸枝木类中的刀状黑黄檀俗称"缅甸黑酸枝""缅甸黑木""缅甸黑檀""黑玫瑰木""英檀木"等，通常我国习惯称之为"英檀木"等。从阔叶黄檀上看，黑酸枝木类中的阔叶黄檀俗称"紫花梨""希沙姆""广叶黄檀""比蒂""玫瑰木"等。从卢氏黑黄檀上看，黑酸枝木类中的卢氏黑黄檀俗称"玫瑰木""大叶紫檀"等。从东非黑黄檀上看，黑酸枝木类中的东非黑黄檀俗称"紫光檀""黑紫檀""莫桑比克黑檀""塞内加尔黑檀""犀牛角紫檀""黑檀""非洲黑檀"等。从巴西黑黄檀上看，黑酸枝木类中的巴西黑黄檀俗称"巴西玫瑰木""南美黑酸枝"等。从亚马孙黄檀上看，黑酸枝木类中的亚马孙黄檀俗称"南美黑酸枝"。从伯利兹黄檀上看，黑酸枝木类中的伯利兹黄檀俗称"洪都拉斯玫瑰木""中美洲黑酸枝"等。

紫光檀（东非黑黄檀）

紫光檀（东非黑黄檀）

紫光檀（东非黑黄檀）

红酸枝芭蕉扇（交趾黄檀）

2.红酸枝木类

红酸枝木类的俗称比较丰富，我们具体来看一下：从巴里黄檀上看，红酸枝木类中的巴里黄檀俗称"老红木""酸枝""红酸枝""紫酸枝""花酸枝"等。从赛州黄檀上看，红酸枝木类中的赛州黄檀俗称"国王木""深色玫瑰木""紫罗兰木""南美红酸枝"等。从交趾黄檀上看，红酸枝木类中的交趾黄檀俗称"大红酸枝""柬埔寨檀""老红木"等。从绒毛黄檀上看，红酸枝木类中的绒毛黄檀俗称"郁金香木""巴西黄檀""南美红酸枝"等。从中美洲黄檀上看，红酸枝木类中的中美洲黄檀俗称"中美洲红酸枝"等。从奥氏黄檀上看，红酸枝木类中的奥氏黄檀俗称"新红木""白酸枝""花酸枝""缅甸黄檀""白枝""榄色黄檀""奥利黄檀""缅甸红酸枝""花黄檀""差紫黄檀""紫黄檀"等。

从微凹黄檀上看，红酸枝木类中的微凹黄檀俗称"小叶红酸枝""墨西哥红酸枝""可可波罗木"等。

酸枝手串

非洲花梨串珠（刺猬紫檀）

3. 花梨木类

花梨木类的俗称比较丰富，我们具体来看一下：从安达曼紫檀上看，花梨木类中的安达曼紫檀俗称"非洲黄花梨"等。从刺猬紫檀上看，花梨木类中的刺猬紫檀俗称"非洲花梨""亚花梨"等。从印度紫檀上看，花梨木类中的印度紫檀俗称"青龙木""蔷薇木""赤血树""黄柏木"等。从大果紫檀上看，花梨木类中的大果紫檀俗称"缅甸花梨"等。从囊状紫檀上看，花梨木类中的囊状紫檀俗称"马拉巴紫檀""草花梨""香红木""红花梨"等。

缅甸花梨串珠（鸟足紫檀）

鸡翅木串珠

4. 鸡翅木类

鸡翅木类的俗称比较丰富，我们具体来看一下：从非洲崖豆木上看，鸡翅木类中的非洲崖豆木俗称"芽豆木""非洲鸡翅木""黑鸡翅木"等。从白花崖豆木上看，鸡翅木类中的白花崖豆木俗称"缅甸鸡翅木""东南亚鸡翅木""黑鸡翅""老鸡翅木"等。从铁刀木上看，鸡翅木类中的铁刀木俗称"铁梨木""黑心树""铁栗木"等。

鸡翅木串珠

黄花梨串珠

5. 条纹乌木

条纹乌木类的俗称比较丰富，我们具体来看一下：从苏拉威西乌木上看，条纹乌木中的苏拉威西乌木俗称"印尼黑檀"等。从菲律宾乌木上看，条纹乌木中的菲律宾乌木俗称"菲律宾黑檀"等。

6. 香枝木类

香枝木类的俗称比较丰富，我们具体来看一下：从香枝木类上看，香枝木类中的降香黄檀俗称"海南黄花梨""香红木""花梨母""降香木"等。

海黄紫油梨耳勺　　　　　　　海黄紫油梨"节节高"竹节　　　　　　小叶紫檀"成就大业"

小叶紫檀 "连生贵子"

小叶紫檀 "成就大业"

7. 乌木类

乌木类的俗称比较丰富，我们具体来看一下：从乌木上看，乌木类中的乌木俗称" 角乌 "等。从厚瓣乌木上看，乌木类中的厚瓣乌木俗称" 乌木 "" 黑檀 "等。

8. 紫檀木类

紫檀木类的俗称比较丰富，我们具体来看一下：从紫檀木类上看，紫檀木类中的檀香紫檀俗称" 小叶紫檀 "" 赤檀 "" 酸枝树 "等。

小叶紫檀 "连生贵子"

小叶紫檀串珠   小叶紫檀珠

由上可见，各种红木基本上都有俗称，有的是别称，有的是在红木标准未制定以前的名称，有的是各种文字翻译过来的名称，总之是比较混乱，也不是很科学。正是因为如此，所以红木标准才用其学名。本书认为，只要是与中文学名不符的，无论它有多少种名称，统一都是俗称。而当代红木销售当中，有很多人为了投机取巧将俗称用以代替其学名，其实这里面玄机颇多，目的就是为了将水搅浑，牟取暴利。实际上从市场的角度来看，应该还是标注学名，因为科学的名称是一个体系，不重复，且不混乱。而我们在这里就是要将市场上人们对于红木的俗称一一相对应，这样根据这个对应，一查就知道俗称背后真正的红木是哪一种，这一点我们在鉴定时应注意分辨。

小叶紫檀蘑菇

小叶紫檀碗（三维复原色彩图）

第二节　质地鉴定

一、变　色

　　红木的变色是一种自然现象，任何一种高级的木材，无论它的致密程度有多高，在它被砍伐下来之后，红木横截面的颜色就开始了变化的过程，如海南黄花梨在刚切开的时候，其色彩是橘红色，但这种原色不会持久，色彩会逐渐地向黑色演变，同时向紫色演变，最终黑色和紫色已不分明，成为融为一体的紫黑色，当然有的演变成为深紫色等。这不是一个孤例，绝不仅仅是海南黄花梨是这样一种情况，而是几乎所有的红木都会有一个切面色彩上的变化，只是演变成的色彩不同、程度不同而已。

小叶紫檀串珠

海黄紫油梨耳勺

　　究其原因主要有三个方面，一是红木横截面直接与空气接触，受到空气氧化会变色。二是红木在干燥的过程当中会变色。三是在光照之下，受到光化作用会变色。变色的程度和快慢取决于红木存放的环境，如果是直接在太阳下晒，变色会非常之快，就如同有些红木地板一样，时间长了，在窗户边受到光照的地方和其他地方会不一样。由此可见，红木实际上很难躲过这三种作用对其色彩的影响，当然还有其他因素对其色彩的影响。因此红木在色彩上的变化其实在所难免，这是受其自然之固有特征的影响所致。所以对于红木而言主要是看其质地，而并不是看色彩的纯正程度，因为这样做没有意义，鉴定时应注意分辨。

红酸枝抽屉·当代仿明清

红酸枝茶几·当代仿明清

红花梨（囊状紫檀）

二、色彩

红木在色彩上最为复杂，各种各样的色彩都有见，这是由于红木种类繁多所导致。常见的红木色彩主要有红紫色、橘红色、红褐色、紫红色、栗褐色、黑褐色、紫褐色、黑紫色、深褐色、乌黑、黑色等，由此可见，红木在色彩上种类繁多，但主要以红、黑、紫、褐等色彩为基调。从渐变色彩来看，各种红木在渐变色彩上比较复杂，如有的红木色彩可能会由褐演变到紫色，从红色演变到紫色，从红褐演变到紫红，而且变化异常的丰富。比如，红木在刚刚切割出来的色彩上由于空气的氧化可能会有改变，起码可以变得更深。下面我们具体来看一下。

红酸枝茶壶、杯组合·当代仿古

1. 从红褐色上鉴定

红褐色是红木当中常见的色彩，如越柬紫檀、安达曼紫檀、刺猬紫檀、囊状紫檀、鸟足紫檀（GB/T18107—2000）等，可见红褐色的红木是以花梨木类为主，但并不是所有的花梨木类在材质上都有红褐色。从色彩本身来看，红褐色的色彩显然属复色范畴，红色与褐色完美地融合在一起，二者不可分离。但从整个色彩视觉效果上看，红褐色的色彩主流还是红色，褐色处于从属的地位。但对于红木而言，所谓的红褐色绝对不是色彩学意义上的，而是视觉意义上的概念，主要以视觉为判断标准。从色彩稳定性上看，红褐色的色彩比较稳定，从诸多的红木上观察，红褐色的横截面的色彩并没有发现有严重的串色和偏色现象，由此可见，其色彩已经相当稳定，完全以一种独立的色彩类别出现。从浓淡程度上看，通过实物观测我们发现红褐色的红木横截面在浓淡深浅的程度上有所不同，有的浓深的程

缅甸花梨手串（鸟足紫檀）

度比较深，而有的则比较浅，但这只是微小的区别。红木红褐色上的浓淡程度并不影响其色彩的稳定性，因为无论浓淡程度如何，并不会影响到红褐色心材在色彩上的性质，这一点我们在鉴定时要特别注意。当真正地观测实物的横截面时，我们一定要分清楚究竟是红木红褐色在色彩上发生了变化，还是只是在色彩浓淡程度上发生了变化，以防止看走眼的情况发生。另外，我们还应该注意这些红褐色的红木实质上并非是一种色彩。比如，印度紫檀的心材有可能是红褐色，但也有可能呈现出金黄色的色彩。看来同一种材质的红木可能会出现两种截然不同的色彩，而且有的时候可能会有渐变的情况发生，就是同一横截面上会有两种以上较独立色彩的出现。比如，鸟足紫檀（GB/T18107—2000）在色彩上心材就有红褐至紫红偏褐等色渐变的现象，非常复杂，这一点我们在鉴定时应注意分辨。

非洲花梨串珠（刺猬紫檀）

缅甸花梨串珠（鸟足紫檀）

2. 从紫红褐色上鉴定

紫红褐色是红木当中常见的色彩，如安达曼紫檀、囊状紫檀等，可见紫红褐色的红木主要是以花梨木类为主。但并不是所有的花梨木类在材质上都有紫红褐色。从色彩本身来看，紫红褐色的色彩显然属复色范畴，而且是紫色、红色与褐色完美地融合在一起，三种色彩已不可分离。但从整个色彩视觉效果上看，紫红褐色的色彩，主流还是紫色，红色处于从属的地位，褐色进一步处于从属的地位。但显然这三种色彩是清晰的，是可以被我们的视觉识别出来的。但对于红木而言，所谓的紫红褐色绝对不是色彩学意义上的，而是视觉意义上的概念，主要以视觉为判断标准，这一点我们在鉴定时应注意分辨。从色彩稳定性上看，紫红褐色的色彩比较稳定，从诸多的红木上观察，紫红褐色的横截面在色彩上并没有发现严重的串色和偏色现象，由此可见，其色彩已经相当稳定，完全以一种独立的色彩类别在出现。从浓淡程度上看，通过实物观测我们发现紫红褐色的红木横截面在浓淡深浅的程度上有所不同，有的浓淡的程度比较深，而有的则比较浅。一般情况下，这种浓淡程度变化都是比较轻微，有的时候轻微得只能凭借人们的感觉来判断，而不是任何仪器。不过红木紫红褐色上的浓淡程度并不影响其色彩的稳定性，因为无论浓淡程度如何，并不会影响到紫红褐色心材在色彩上的性质，这一点我们在鉴定时要特别注意。从渐变色彩上看，紫红褐色的红木实质上渐变气氛也是比较浓重，如安达曼紫檀等在色彩上都是具有浓重渐变气氛的，这一点我们在鉴定时应注意分辨。

非洲花梨串珠（刺猬紫檀）

缅甸花梨手串（鸟足紫檀）

酸枝念珠

非洲花梨串珠（刺猬紫檀）

3. 从黑褐色上鉴定

黑褐色是红木当中常见的色彩，如铁刀木、非洲崖豆木、阔叶黄檀、东非黑黄檀、巴西黑黄檀、伯利兹黄檀、白花崖豆木等，可见黑褐色的红木主要是以鸡翅木类和黑酸枝木类为主。鸡翅木类当中的非洲崖豆木、铁刀木和白花崖豆木等全部都涉及黑褐色的情况，黑酸枝木在色彩上也很多涉及黑褐色，但并不是所有的鸡翅木类在材质上都有黑褐色。比如，卢氏黑黄檀和亚马孙黄檀基本上不涉及黑褐的色彩，无论是刚切开的心材，还是放置久了以后的材质都未见到黑褐色的情况。从色彩本身来看，黑褐色的色彩显然属复色范畴，黑色与褐色完美地融合在一起，二者不可分离。但从整个色彩视觉效果上看，黑褐色的色彩主流还是红色，褐色处于从属的地位。对于红木而言，所谓的黑褐色绝对不是色彩学意义上的，它只是视觉意义上的，主要以视觉为判断标准，就是只要我们的视觉能够观察到黑褐的色彩就可以了。从色彩稳定性上看，黑褐色的色彩已比较稳定，从诸多的红木上观察，其横截面上的色彩并没有发现有严重的串色和偏色现象，由此可见，其色彩已经相当稳定，完全以一种独立的色彩类别在出现。从浓淡程度上看，通过实物观测，我们发现黑褐色的红木横截面在浓淡深浅的程度上有所不同，有的程度比较深，而有的则比较浅。但这种浓淡深浅上的变化都是非常细微的，并没有一些量化的标准，主要以经验来判断。红木黑褐色的浓淡程度并不影响其色彩的稳定性，因为无论浓淡程度如何，并不会影响到黑褐色心材在色彩上的性质，这一点我们在鉴定时要特别注意。

紫光檀（东非黑黄檀）

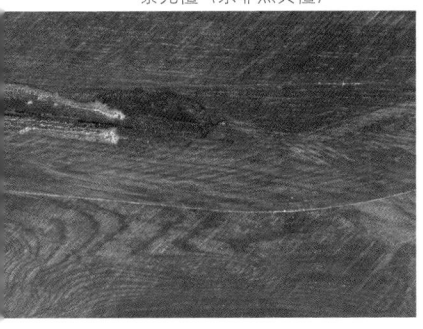

紫光檀（东非黑黄檀）

紫光檀（东非黑黄檀）

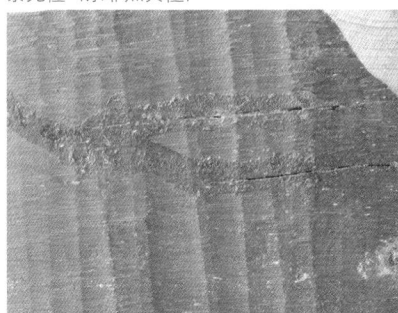

红酸枝茶几·当代仿明清

红酸枝茶几·当代仿明清

小叶紫檀手串

4. 从黑紫色上鉴定

黑紫色是红木当中常见的色彩，如檀香紫檀、卢氏黑黄檀等，可见黑紫色的红木主要是以小叶紫檀为主，还有就是卢氏黑黄檀。但并不是所有的小叶紫檀和卢氏黑黄檀在材质上都有黑紫色，只是黑紫色有见，是其很重要的色彩而已。从色彩本身来看，黑紫色的色彩显然属复色范畴，黑色与紫色完美地融合在一起，二者不可分离，已经形成一种较为稳固的色彩。但从整个色彩视觉效果上看，黑紫色的色彩主流还是黑色，紫色处于次要的地位。对于红木而言，所谓的黑紫色绝对不是色彩学意义上的概念，而是视觉意义上的，主要以视觉为判断标准，在具体判断时需要很强的经验性。从色彩稳定程度上看，黑紫的色彩比较稳定，从实物观察的黑紫色来看，基本没有严重串色和偏色现象，由此可见，完全以一种独立的色彩类别在出现。从黑紫色的程度上看，通过实物观察我们发现黑紫色的红木横截面在浓淡深浅的程度上有着细微的区别，有的程度比较深，而有的则比较浅，但红木黑紫色的浓淡程度并不影响其在色彩上的稳定性。无论浓淡程度如何，并不会影响黑紫色心材在色彩上的性质，这一点我们在鉴定时要特别注意。从渐变上看，黑紫色的红木或多或少有一些渐变的色彩，但整体上看并不浓郁，这一点我们在鉴定时应注意分辨。

小叶紫檀（檀香紫檀）标本

小叶紫檀葫芦

小叶紫檀珠

黑檀串珠（蓬塞乌木）　　　　　　　　黑檀串珠（蓬塞乌木）

5. 从乌黑色上鉴定

　　乌黑的色彩实际上是红木当中最为常见的色彩之一，如乌木、厚瓣乌木、毛药乌木、蓬塞乌木（GB/T18107—2000）、菲律宾乌木等。可见乌黑色的红木主要是以乌木类和条纹乌木类为主。乌木类的乌木、厚瓣乌木，在色彩上都是乌黑色，这一点随意拿标本来看都是这样的。条纹乌木类则不是这样，菲律宾乌木在色彩上都有乌黑的颜色，但并不是像我们传统认为的乌木类那样只有乌黑色，而只是材质有乌黑色的倾向。另外，苏拉威西乌木无论是刚切开的心材，还是放置久了以后的材质均无呈现出乌黑色的情况，至多是出现黑色。从色彩本身来看，乌黑色的色彩显然属单色范畴，像是乌鸦一样的黑色，但对于红木而言，所谓的乌黑色绝对不是色彩学意义上的，而是视觉意义上的概念，主要以视觉为判断标准。从色彩稳定性上看，乌黑色的色彩比较稳定，从诸多的乌木类上观察乌黑色的横截面，并没有发现有严重的串色和偏色现象，由此可见，其色彩已经相当稳定，完全以一种独立的色彩类别在出现。从浓淡程度上看，通过实物观察我们发现乌黑色的红木横截面在浓淡深浅程度上有所不同，有的比较深，而有的则略逊。乌黑色的浓淡程度并不影响其色彩的稳定性，因为无论浓淡程度如何，都未影响到乌黑色心材在色彩上的性质，这一点我们在鉴定时要特别注意，当真正地观察实物的横截面时，我们一定要分清楚究竟红木的乌黑色是其本来的色彩，还是发生了变化之后的色彩，以防止看走眼的情况发生。从渐变色彩上看，乌黑色的红木在色彩渐变上特征很明确，渐变的气氛有一些，但基本不是太严重，这样才是黑色。这一点我们在鉴定时应注意分辨。

黑檀串珠（蓬塞乌木）

黑檀串珠（蓬塞乌木）

黑檀串珠（蓬塞乌木）

小叶紫檀珠

6. 从紫色上鉴定

　　紫色是红木当中常见的色彩，如檀香紫檀、卢氏黑黄檀等，可见紫色的红木主要是以小叶紫檀类和黑酸枝类为主，但具体的种类并不是很多。不过紫色只是小叶紫檀和卢氏黑黄檀在色彩上的一种，并不是所有的色彩。黑酸枝木类中的大多数还都不是这种色彩。如黑酸枝木类中的刀状黑黄檀无论是刚切开的心材，还是放置久了以后的材质均无呈现出紫色的情况。从色彩本身来看，紫色是一种单独的色彩，紫色非常鲜亮，熠熠生辉。但从整个色彩视觉效果上看，紫色不是色彩学意义上的，而是视觉意义上的，主要以视觉为判断标准，以人们的经验来区分。从色彩稳定性上看，紫色的色彩比较稳定，从诸多的红木上观察紫色的横截面，在色彩上并没有发现有严重的串色和偏色现象，由此可见，其色彩已经相当稳定，完全以一种独立的色彩类别出现。从浓淡程度上看，通过实物观察我们发现紫色的红木横截面在浓淡深浅的程度上有所不同，有的程度比较深，略浅的情况很少见。但红木紫色上的浓淡程度并不影响其色彩的稳定性，因为无论浓淡程度如何，都未影响到紫色心材在色彩上的性质，这一点我们在鉴定时要特别注意。从渐变上看，紫色红木在渐变色彩上气氛并不是特别浓郁，而是较为轻微，视觉几乎观察不到，这一点我们在鉴定时应注意分辨。

小叶紫檀标本（檀香紫檀）

红酸枝碗（三维复原色彩图）

小叶紫檀手串

小叶紫檀手串

酸枝念珠

三、香 韵

　　红木的香味沁人心脾，给人留下深刻的印象，非常神奇，这也是人们喜欢红木的一个很重要的方面。但红木在香韵上比较复杂，并不是所有的红木在常温下都能发出香味，其主要特点是一些红木在常温下有香韵，而一些红木在常温下无香韵。其次，红木在香韵的强弱上也不尽相同，在有香韵的红木当中，有的香韵比较强，有的香韵则是比较弱。还有就是红木在香韵上表现出的是不同的气味，如醋酸、辛辣等。正是以上这些香韵的差异化特征构成了极为复杂的香味体系，使人们可以感受到与众不同的香韵。香韵是红木鉴定中的重要内容。因为红木所发出的香韵几乎是不可能作伪的，我们可以根据不同红木的本色气味来进行鉴定。下面我们具体来看一看。

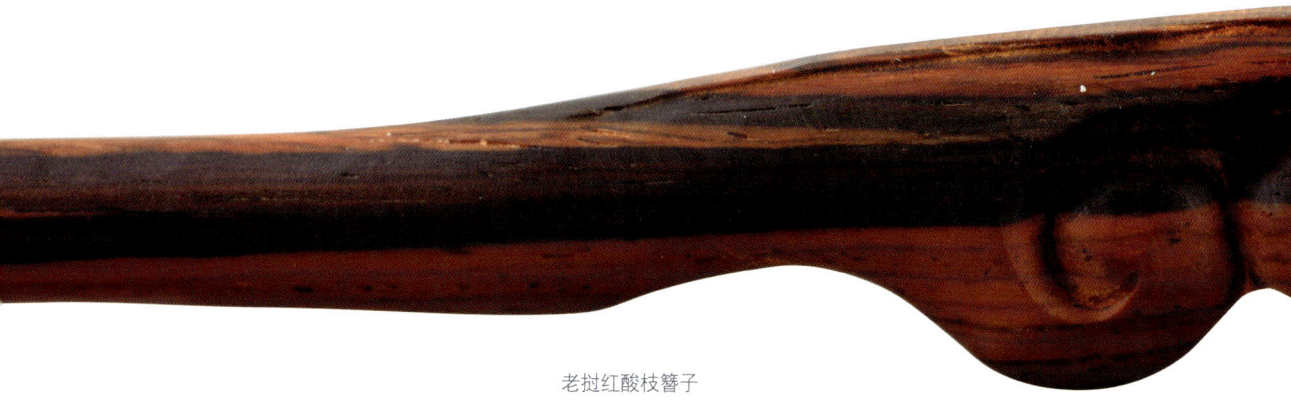

老挝红酸枝簪子

酸枝手串

酸枝手串

1. 从酸味上鉴定

（1）酸香：红木的香韵实际多为像醋一样的酸香味。拥有酸香味道的红木有很多，常见的主要有巴里黄檀、赛州黄檀、交趾黄檀、绒毛黄檀、奥氏黄檀、刀状黑黄檀、阔叶黄檀、卢氏黑黄檀、东非黑黄檀、巴西黑黄檀、亚马孙黄檀、伯利兹黄檀等。由此可见，拥有酸香味的红木种类十分丰富。从种类上看，拥有酸香味的红木主要以黑酸枝和红酸枝为主，比如，黑酸枝木类中的刀状黑黄檀、阔叶黄檀、卢氏黑黄檀、东非黑黄檀、巴西黑黄檀、亚马孙黄檀、伯利兹黄檀等基本都有酸香味；红酸枝木类当中除了中美洲黄檀和微凹黄檀外，其余基本也都是有酸香味。

从酸香味本身来看，红木的酸香味实际上非常复杂，虽然说是像醋一样的味道，但是我们知道醋的种类不同，其酸味也会有所不同，这一点是很显而易见的。因此类比到不同种类的红木之上也是这样，虽然都是酸味，但是基本上没有完全相同的酸味，不同种类的红木之上是这样，甚至同一种类红木之上的酸味也不尽相同，如果再细微一些，同一棵树不同的部位酸香味也是具有微小差别的，然而世界上并没有气味完全相同的两件有酸香味的红木作品，这是由红木的自然属性所决定的，这一点无法改变，如果味道完全相同的红木

红酸枝茶几·当代仿明清

红花梨（囊状紫檀）

巴里黄檀原木标本

酸枝手串

酸枝手串

作品，肯定有一件是伪器，或者两件均为伪器。另外，同一种红木当中酸香味道并非都有见，如巴里黄檀、赛州黄檀有的有酸香味道，有的则没有，因此对于这两种红木而言只是有可能有酸香的情况。很多都是这样，例子不再赘举，我们在鉴定时注意体会就可以了。

（2）辛辣：红木的气味并不是所有的都是酸香味或者无味，也有比较刺激的味道。如降香黄檀、中美洲黄檀、微凹黄檀等发出的就是较为辛辣的味道，这种味道闻起来刺鼻。从种类上看，辛辣气味的红木主要集中在红酸枝木类当中，如中美洲黄檀和微凹黄檀在新切割的横截面上就能闻到刺鼻的辛辣味道，而这种气味会随着时间的流逝而变淡。但主要看品种，有的变淡的程度很明显，也有不是很明显的。如微凹黄檀就是这样。另外，从种类上看，黄花梨刚切开时气味非常浓烈，明显是一种辛辣降香味道，很刺激鼻子，但是随着时间的推移，放置久了以后，气味明显变淡了很多，闻起来倒是一种清淡的降香味了，这也是人们喜欢它的一个原因。辛辣本身是一种独立的味道，但是细细品味，我们可以感觉到红木的辛辣其实还是有别于辣椒等的辛辣，如果我们将其分开来可以感受到有辣味、有咸味，同时有一股酸味。即在辛辣味道的背后还是有一股酸味，这可能是红木特有的辛辣味道吧！我们在鉴定时应注意分辨。

海南黄花梨标本（降香黄檀）

海南黄花梨标本（降香黄檀）

海黄紫油梨耳勺

黄花梨摆件

红酸枝茶壶·当代仿古

2. 从浓淡上鉴定

红木气味的浓淡程度比较复杂，明显可以划分为两个阶段，即浓厚、清淡，而且从数量和比例关系上看，两者皆有，但并不均衡。从数量上看，显然是以清淡者为多见。下面就让我们具体来看一下。

红酸枝圈椅·当代仿明清

黄花梨摆件

（1）浓厚：红木在香味的浓厚程度上特征明确，气味较浓重的红木常见有大果紫檀、降香黄檀、巴西黑黄檀等。虽然在气味上不同，比如，巴西黑黄檀是酸香气，而降香黄檀是辛辣香味，但是在浓厚程度上是相同的，都是特别的浓厚，给人以清晰而深刻的印象。从稳定性上看，红木的香味在稳定特征上也比较复杂，如大果紫檀通常情况下香味较浓，而海南黄花梨则是在刚锯开时具有刺鼻的辛辣味道，而随着时间的推移这种味道会变得很淡。因此从稳定性上看，红木香韵的稳定性实际上并不是特别好，稳定性会依据品种、开料时间的长短而各不相同。另外，从种类上看，能够发出浓重香味的主要是黑酸枝木类和降香黄檀类。这一点很明确，我们就不再赘述，鉴定时应注意分辨。

海南黄花梨碗（三维复原色彩图）

（2）清淡：清淡的香味在红木当中表现突出，是红木香味的主流，这一点是显而易见的。因为红木当中具有清淡香味者很多，常见的清淡香味的红木主要有檀香紫檀、安达曼紫檀、刺猬紫檀、印度紫檀、鸟足紫檀（GB/T18107—2000）、伯利兹黄檀、赛州黄檀、交趾黄檀、绒毛黄檀、奥氏黄檀、囊状紫檀、卢氏黑黄檀、东非黑黄檀、亚马孙黄檀等。由此可见，种类的确是十分丰富。从种类上看，清淡香味的红木在类别上也比较清晰，以红酸枝木类、黑酸枝木类、花梨木类为主，其他类别很少见。但这也并不是绝对的，只是大多数是这样。如黑酸枝木类中的微凹黄檀其香味就比较浓，清淡的情况几乎不存在。因此，从香味清淡上鉴定时应辩证地看待问题。从稳定性上看，红木清淡的香味在稳定程度上不是很好，比如，赛州黄檀闻起来很微弱不说，有的时候还闻不到。这种情况其实不是孤例，而是有很多这样的情况存在。这一点我们在鉴定时应注意分辨。其实这种情况也很正常，因为红木其实本质上就是一种树木，生长环境略有差别，它的香韵就会有差别，哪怕是微小的差别。

缅甸花梨串珠（鸟足紫檀）

海南黄花梨标本（降香黄檀）

紫光檀（东非黑黄檀）

缅甸花梨簪子

非洲花梨串珠（刺猬紫檀）

缅甸花梨手串（大果紫檀）

酸枝念珠

3. 从无香味上鉴定

红木并非都是有香味的，无香味的红木所占比例也很大。常见的无香味的红木主要有东非黑黄檀、亚马孙黄檀、伯利兹黄檀、檀香紫檀、安达曼紫檀、刺猬紫檀、囊状紫檀、巴里黄檀、赛州黄檀、绒毛黄檀、菲律宾乌木、非洲崖豆木、白花崖豆木、铁刀木、乌木、厚瓣乌木、毛药乌木、苏拉威西乌木等，可见种类比较丰富，涉及不同的木类。从种类上看，无香味的红木主要涉及乌木类、条纹乌木类、鸡翅木类，同时涉及红酸枝木类、黑酸枝木类、檀香紫檀等。在红木国标的八类中可能只有海南黄花梨没有涉及了。但是以乌木类、条纹乌木类、鸡翅木类为主，因为它们基本上都是无味的。如苏拉威西乌木、菲律宾乌木就是无味，这一点我们在鉴定时应注意分辨。从稳定性上看，红木当中无味道者谈不上稳定性，因为本身就是无味，但是对于红木而言却比较复杂，除了乌木类、条纹乌木类，以及鸡翅木类以外，如安达曼紫檀、刺猬紫檀、东非黑黄檀、亚马孙黄檀、伯利兹黄檀、巴里黄檀、赛州黄檀、绒毛黄檀等，其无味的特征实际上具有不稳定性，因为这些香味随时都可以由无味串到有微弱的各种香味上，这一点我们在鉴定时应特别注意体会。

鸡翅木串珠

小叶紫檀珠

黑檀串珠（蓬塞乌木）

紫光檀（东非黑黄檀）

小叶紫檀手串

　　以上香韵只是一个参考，因为红木作为自然之物其香韵本身就是多样化的，即使同一种的树木，其香韵与生长地区、环境都有着密切的关联，我们只能从宏观上进行把握。再者新切面与老切面在香韵上也是不同的，一般情况下都会变淡，甚至会闻不到气味。总之，香韵比较复杂，有些问题我们不能钻牛角尖，因为有很多香韵其实并不是科学的问题，而只是一种经验性的总结，而且也会因不同的人对于气味的感知程度不同而有所变化。这些情况在鉴定时我们都应该将其考虑进去，注意分辨。

红酸枝圈椅·当代仿明清

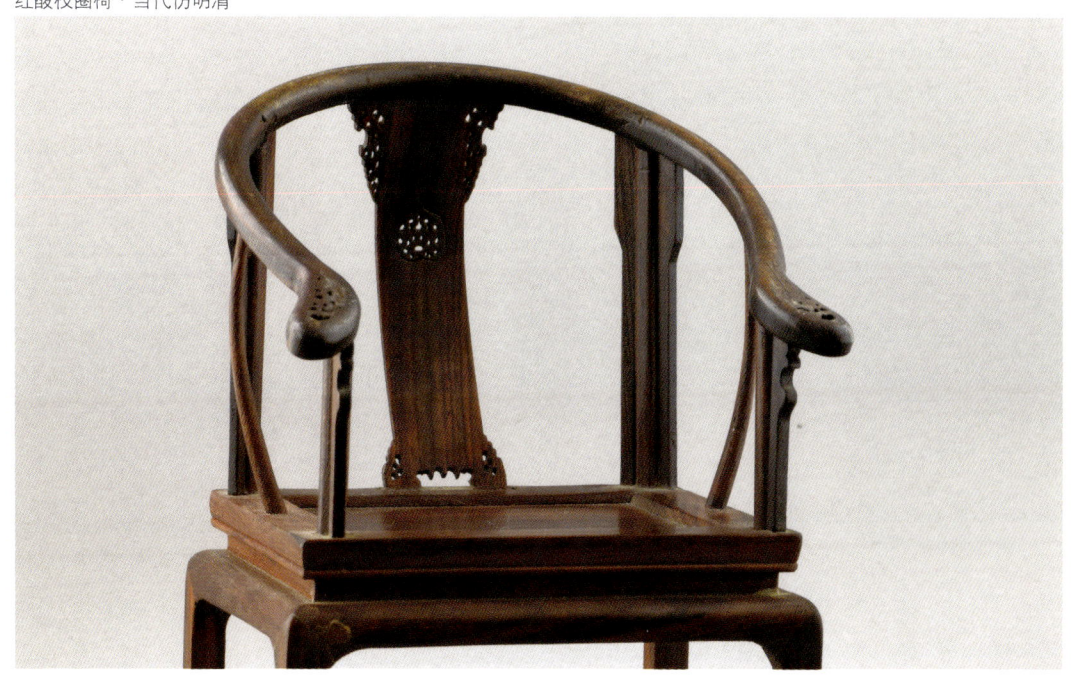

海黄紫油梨"节节高"竹节

海黄"梅兰竹菊"君子吊坠

红酸枝抽屉·当代仿明清

红酸枝茶杯·当代仿古

红酸枝茶壶·当代仿古

红酸枝微型茶几圈椅组合·当代仿明清

小叶紫檀标本（檀香紫檀）

四、生长轮

树木的生长都有生长轮，一般横截面上都有年轮，形状有的规则，有的不规则，各种各样。从种类上看，不同的树种在清晰度上也不同，有的清晰、有的略清晰、有的则是不清晰、不明显。生长轮是鉴定红木的重要标准，因为生长轮实际上是很难模仿的，特别是其清晰程度更难模仿，所以我们要掌握红木生长轮的特点。下面我们具体来看一下。

酸枝手串

缅甸花梨手串（大果紫檀）

1.清　晰

红木生长轮清晰的情况很常见，但主要以不同的树种为显著特征，常见的树木生长轮清晰的有大果紫檀、刺猬紫檀、巴里黄檀、赛州黄檀、绒毛黄檀、囊状紫檀、鸟足紫檀、降香黄檀、中美洲黄檀、奥氏黄檀、微凹黄檀、印度紫檀、刀状黑黄檀、巴西黑黄檀、亚马孙黄檀、伯利兹黄檀等，可见种类比较丰富。从种类上看，各种木类都有见，以花梨木类、香枝木类为主（乌木类、条纹乌木类、鸡翅木类的生长轮基本没有清晰的情况）。花梨木类中的生长轮基本上都非常清晰，如刺猬紫檀、印度紫檀、大果紫檀、囊状紫檀。香枝木类的黄花梨的生长轮也非常清晰。黑酸枝木类的刀状巴西黑黄檀、亚马孙黄檀、伯利兹黄檀等也非常清晰，但并不是全部都清晰，很明显卢氏黑黄檀等就不清晰。红酸枝木类大多数是明显的，只有交趾黄檀不太明显，鉴定时应注意分辨。生长轮的清晰程度非常明确，但这个清晰程度观察的主体显然是我们的视觉，以视觉为判断标准，这一点很重要，如果是借助仪器可能所有的红木在生长轮上都是清晰的，这一点我们在鉴定时应注意分辨。

缅甸花梨手串（大果紫檀）

黄龙玉与黄花梨摆件

酸枝手串

2. 略清晰

　　红木生长轮略清晰的情况有见。从概念上看，略清晰是介于清晰与不清晰之间的一种状态，但显然是可以看到生长轮的，这种情况在红木当中也很常见。如阔叶黄檀、交趾黄檀、奥氏黄檀、刺猬紫檀、刀状黑黄檀等，可见还是比较常见的。但是从数量上看有明显不太清晰的情况，同样也有不清晰的情况。由此可见，红木在生长轮上的特征基本上还是泾渭分明，以清晰和不清晰为比较常见。从种类上看，红木生长轮略清晰者主要以花梨木类、黑酸枝木类、红酸枝木类为多见。如花梨木类中常见的刺猬紫檀等；黑酸枝木类的刀状黑黄檀、阔叶黄檀；红酸枝木类中的交趾黄檀、奥氏黄檀等在生长轮上特征达不到清晰的程度，为略清晰。鉴定时应注意分辨。

酸枝手串	红酸枝单珠（三维复原色彩图）	酸枝手串

越南黄花梨碗（三维复原色彩图）

3. 不清晰

红木生长轮不清晰的情况很常见，主要以红木种类为区分。常见生长轮不明显的有檀香紫檀、东非黑黄檀、交趾黄檀、乌木、厚瓣乌木、毛药乌木、苏拉威西乌木、菲律宾乌木、非洲崖豆木、白花崖豆木、刀状黑黄檀、阔叶黄檀、卢氏黑黄檀、铁刀木等，可见种类之多。从种类上看，我们可以看到有紫檀木类，如檀香紫檀；还有黑酸枝木类，如刀状黑黄檀、阔叶黄檀、卢氏黑黄檀、东非黑黄檀；同时还有红酸枝木类，如交趾黄檀；乌木类、乌木、厚瓣乌木；条纹乌木类，如苏拉威西乌木、菲律宾乌木、毛药乌木；鸡翅木类，如非洲崖豆木、白花崖豆木、铁刀木等。由此可见，生长轮不明显的情况占到了红木种类的大多数。这实际上也是红木比较难以辨别的地方，但恰恰也是重要的鉴定要点。我们在鉴定时应注意分辨。从稳定程度上看，生长轮不是很明显的红木其特征比较稳定，可能用仪器来看其稳定性不是很好，但至少在视觉上我们所看到的情况是比较稳定的，其判断的标准也是视觉，鉴定时应注意分辨。

越南黄花梨鱼

五、纹 理

　　红木在纹理上特征较为复杂，但在色调上基本特征很明确，以黑色、紫色、紫黑、褐色等为主流，基本上纹理线条都是比较深，这是其核心的要点，也是鉴定的重要方面，几乎没有太大的规律可循，所以仿制也是很难。其基本特点就是与红木的主流色彩融合在一起，在色彩之中以渐变的方式融合性地存在，时而浮现，时而隐见，有神龙见首不见尾之意。亦真亦幻，各种红木色彩，如黑、红、褐等色，糅合在一起，并以多种方式组合在一起，如红、褐、紫、黑等色；或者是褐、黑、红褐等色彩相间等，就如同搅动后形成的各种纹理一般。而且方向的不同会形成不同的纹理效果，如曲折纹、菱花纹、行云流水纹等多种。这些纹理从外形上看，动感很强，但从细部特征上看则完全不同，只是大致轮廓看上去有相像之处，有时还会有立体的感觉，具有不是纹饰胜似纹饰的特征。下面我们具体来看一下。

小叶紫檀蘑菇

红酸枝圈椅 · 当代仿明清

1. 纯 黑

红木纯黑色的纹理有见，而且数量比较丰富，常见的主要有非洲崖豆木、白花崖豆木、铁刀木、苏拉威西乌木、菲律宾乌木、中美洲黄檀、奥氏黄檀、微凹黄檀、阔叶黄檀、东非黑黄檀、巴西黑黄檀、亚马孙黄檀、伯利兹黄檀、降香黄檀、安达曼紫檀等，由此可见，种类的确是比较丰富。从种类上看，黑色的纹理涉及的红木种类比较多，如非洲崖豆木、白花崖豆木、铁刀木属于鸡翅木；苏拉威西乌木、菲律宾乌木属条纹乌木类；中美洲黄檀、奥氏黄檀、微凹黄檀属红酸枝木类；阔叶黄檀、东非黑黄檀、巴西黑黄檀、亚马孙黄檀、伯利兹黄檀属黑酸枝木类；安达曼紫檀属花梨木类；还有降香黄檀属香枝木类，也是有见黑色纹理。从浓淡程度上看，实际上所谓的纯黑色纹理，也不是纯正意义上的色彩概念，多少还是有一些色彩浓淡程度上的变化，所以对于黑色纹理判断的标准显然是视觉。从稳定性上看，红木的黑色纹理在稳定性上并不是很好，只是说大多数是黑色的纹理，但在有的树木之上也偶见有不同，这一点我们在鉴定时应注意分辨。

紫光檀（东非黑黄檀）

黑檀串珠（蓬塞乌木）

小叶紫檀手串

2. 紫 黑

　　紫黑色的纹理在红木当中也有见，虽数量并不是很多，但是影响很大，而且被人们所熟悉。如檀香紫檀常常带有紫黑色的纹理。我们知道小叶紫檀是红木中的佼佼者，是人们孜孜以求的，所以紫黑色的纹理也被大家所认可。另外，在黑酸枝木类中有见，如阔叶黄檀，但是与小叶紫檀的区别是黑色纹理相互之间的距离比较大，犹如行云流水，蜿蜒前行。从稳定性上看，紫黑色的纹理在色彩稳定上比较好，其实它只是比纯正的黑色差了一步，都是向深色发展，只是有一部分偏色到了紫色，另外一部分偏色到了黑色，而且在色彩融合比例上显然是紫色占据主流地位，而黑色没有占据主流地位。其判断的标准依然是视觉，因为其色并不是真正色彩学上的紫黑色，这一点我们在鉴定时应注意分辨。

　　红木在纹理上色彩比较多，我们在这里不再赘举。但纹理显然是比较重要，是红木鉴定中较为直接的鉴定要点。总之，我们在鉴定时要注意使用。

小叶紫檀标本（檀香紫檀）

小叶紫檀珠

小叶紫檀执壶（三维复原色彩图）

小叶紫檀手串

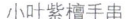

第二章　造型鉴定

越南黄花梨鱼

第一节　器形鉴定

　　红木在器形上十分丰富，常见的造型主要有如意、簪子、笔筒、棋盘、挂屏、毛笔、牙板、盒、博古柜、马鞍、花插、印盒、笔舔、钩子、双鱼、镇纸、底座、木托、器座、鱼、算盘、边框、托盘、牌、葫芦、释迦牟尼像、神像、宝座、花几、念珠、串珠、尺、箱、佛龛、磬架、转桌、书架、书案、方桌、象棋、福禄挂件、大柜、小柜、书匣、双凤、车挂、电视柜、佛珠、朝珠、手链、吊坠、把件、文房用具，等等。由此可见，红木在造型种类上十分丰富，这些造型多为传统的延续，明清时期常见，特别是清代常见，民国时期基本上也是延续清代，并没有太多创新，就不再赘述。当代红木在器形上基本延续前代，但与此同时加入了许多现代的元素，如车挂、电视柜等，这些都是极具当代特色的一些器件。特别是电视柜是传统所没有的元素，鉴定时应注意分辨。下面我们来看一下红木在造型上的细部特征。

小叶紫檀蘑菇

老挝红酸枝簪子

小叶紫檀葫芦

缅甸花梨串珠（鸟足紫檀）

缅甸花梨手串（大果紫檀）

一、时代特征

虽然红木在古代很早就开始使用，但由于砍伐原因，国内市场红木储量很有限，主要依赖国外。明清时期红木就比较鼎盛，从传世品来看，大到家具、座椅，小到工艺品应有尽有。民国时期基本相似，只是在数量上显然比清代要少。明清时期的红木家具及工艺品主要留存在宫中或传世于民间。清宫红木制品我们可以从故宫展品中看到；民间传世品是收藏者可以得到的，在一些高级别的拍卖行的拍品中往往就有见。但也需辨别真伪，主要是夹杂和修缮的东西太多，这一点在鉴定时应注意分辨。当代红木在造型上可谓是集大成，不但延续了明清以来的传统，而且又有很多创新，各种各样的造型都有，具有鲜明的时代特征。

红酸枝茶壶、杯组合·当代仿古

黑檀串珠（蓬塞乌木）

非洲花梨串珠（刺猬紫檀）

红酸枝茶杯·当代仿古

小叶紫檀四季豆

二、件数特征

红木件数特征可以反映其造型流行的程度，件数对于红木鉴定可以说起着决定性的作用。明清时期的老红木在件数特征上较为黯淡，多是在宫廷内及王侯将相的府内流行，民间也多是富商巨贾，真正百姓家中的红木整件数量很少见，这与狭义红木数量过少有关。民国时期基本上也是这样，在件数特征上变化不大。而真正在数量上有明显变化的是当代红木。当代红木主要有两个方面的变化：一是当代红木利用极高的技术水平，将红木各种造型不仅仅是制作成家具，而且将碎料制作成工艺品、把件、吊坠、串珠、车挂、钥匙坠等，虽然器物造型非常小，但却使得红木能够进一步由天上走入凡尘，与大多数人结缘，这也使得红木在当代进一步流行；二是广义红木概念深入人心，其实如果红木仅仅是狭义的概念，无论怎么做都不能满足人们对于红木的情结，因为在清代末期实际上东南亚一带的成材料已经被砍伐殆尽，濒临灭绝，即使再小的料，其实在数量上也不能多起来。而红木概念也就是在这样的背景之下，由狭义发展到广义的。将更多品质如同新红木、甚至优于老红木的木材纳入红木范畴，这是当代红木在数量上保持优势地位的重要特征。在鉴赏红木时应注意体会。

红酸枝茶几·当代仿明清

红酸枝茶几·当代仿明清

越南黄花梨鱼

小叶紫檀"成就大业"

小叶紫檀"连生贵子"

红酸枝圈椅·当代仿明清

三、功能特征

　　红木造型在功能上特征明晰，主要是为了实用的需要。但红木在发展过程当中被赋予了过多的文化内涵，因此使其功能变得复杂化了。造型因需要而产生，在功能不变的情况下，器物的造型很难改变，一旦人们不需要它，一种古红木造型很容易就消失掉了。这一点在红木当中反应明晰。纵观当代的红木家具和清代基本上相似，只是在细节上有改变，而在本质造型上没有太大的改变。这就说明红木家具的诸多功能在当代没有改变。如圈椅在造型上基本已达到较为合理化的状态，所以当代没有必要在造型上进行过大的改变，这一点我们在鉴定时应注意分辨。另外，红木除了实用和装饰的功能外，还拥有许多衍生性的功能，如财富象征的功能。家里的红木地板、红木家具，有时不仅仅是环保的需要，更是财富的象征。人

红酸枝圈椅·当代仿明清　　　　　　红酸枝圈椅·当代仿明清

小叶紫檀珠

小叶紫檀串珠

小叶紫檀手串

们无论是佩戴手串还是项链，除了可以陶冶情操之外，也有炫耀的功能。同时红木还是许多乐器制作的重要材料。总之，红木在诸多文具、酒器、陈设具、摆件、挂件、烟具、茶具、床榻、几、案、桌、箱柜、屏架、椅凳、头饰、佩饰、明器、宗教造像、地砖、柱础、斗拱、门、窗、艺术品、腰牌、棋牌等诸多方面都有着用途，我们在鉴定时应注意分辨。

红酸枝圈椅·当代仿明清

红酸枝柜子·当代仿明清

红酸枝柜子·当代仿明清

红酸枝茶壶 · 当代仿古

四、规整程度

    红木造型在规整程度上通常比较好，特别是老红木变形的情况很少见，新红木当中变形的也不多见，几乎对每一件红木作品都是精益求精，在工艺上几乎不留遗憾。这显然与红木材质的珍贵性有关，材质过于珍贵，使得工匠们在制作时一般都会小心翼翼，生怕在做工上留下遗憾。甚至包括价格不是很好的红木串珠等，在规整程度上都比较好，几乎见不到造型不规整者，多数是圆度规整，串联合理。从时代上看，虽然明清时期的红木是用手工制作，但从规整程度上看比较好，几无变形器。民国时期基本上也是这样。当代红木在规整程度上由于机械化工艺生产，取得了相当大的进步，在规整程度上达到了历史最好水平。只是程式化的作品多了，鉴定时应注意分辨。

红酸枝茶杯 · 当代仿古

酸枝手串

小叶紫檀蘑菇

五、写实与写意

　　红木造型写实与写意作品都有见，但从数量上看，以写实性作品为多见，写意作品从数量上看少到了一定程度。从时代上看，明清时期虽然也是以写实性的作品为主，但是写意气氛浓厚一些；民国时期也是这样；当代作品则刚好相反，写实性的作品为多见。从精致程度上看，对于红木作品而言，越精致写意的可能性越浓厚，而反之则亦然。我们在鉴定时应注意分辨。

小叶紫檀"成就大业"

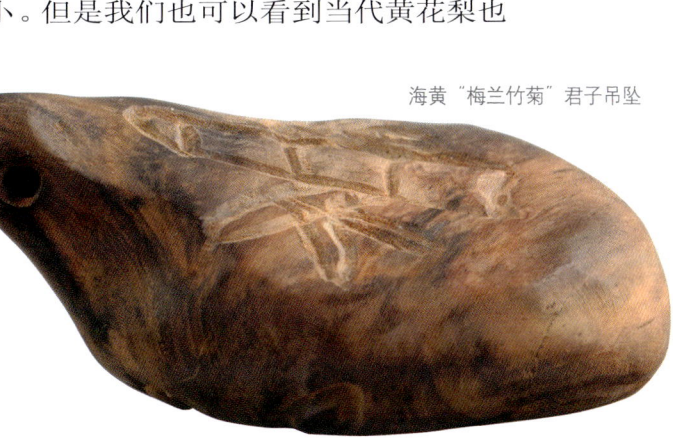

黄花梨老料家具组件·清代

第二节　材质与造型

一、黄花梨

　　黄花梨是红木当中的佼佼者，人们都想得到。其造型相当复杂，包括有一些材质不太好的，但黄花梨都将其制作得近乎完美。常见的器型主要有窗、棋盘、镜台、小柜、衣架、圈椅、书架、书桌、躺椅、交机、首饰盒、方凳、围屏、画匣、脚凳、官帽椅、折扇、书箱、平头案、翘头案、圆角柜、方角柜、炕桌、鸟笼、水盂、倭角盘、洗、盂、带钩、风车、掏耳勺、围棋盒、帖架、长条桌、盆架、罗汉床、蝉凳、画案、提盒、长颈瓶、药箱、帖盒、响板、碗、棋桌、万历柜、箱柜、交椅、画桌、梳背椅、架子床、三连柜、背靠椅、笔盒、鱼等，种类比较丰富。以上器型以清代为最常见，民国时期也有见，当然当代也有见，只是数量比较少而已。而在当代，这些器型依然在延续，有许多和清代基本都是相似的，创新并不大，可见在清代这些器型的造型已极具合理性，在当代可改变的幅度很小。但是我们也可以看到当代黄花梨也有了一些新的常见的造型，特别是在文玩市场上常见。我们来看一下，有毛笔、牙板、盒、博古柜、马鞍、花插、印盒、鱼、笔舔、钩子、镇纸、底座、木托、器

海黄〝梅兰竹菊〞君子吊坠

海黄紫油梨耳勺

海黄紫油梨"节节高"竹节

越南黄花梨鱼

座、算盘、边框、托盘、牌、释迦牟尼像、神像、宝座、花几、念珠、串珠、尺、小柜、箱、佛龛、磬架、转桌、书案、方桌、大柜、书匣、吊坠，等等。由此可见，种类也是十分丰富，虽然造型对于黄花梨鉴定可以说起着决定性的作用，但是其造型却是散乱的，我们在鉴定时只能是参考一下而已。参考时要注意到这几个方面的问题：一是从时代上看，不同时代会出现相异的器物造型，相同的造型在不同的时代里数量会有异同； 二是从功能上看，造型因需要而产生，因为功能而延续，因此通常情况下，在功能不变的情况下，器物的造型很难改变，而一旦人们不需要它，这种造型很自然就消失了。

黄花梨串珠

海黄紫油梨耳勺

越南黄花梨鱼

海黄"梅兰竹菊"君子吊坠

二、紫 檀

小叶紫檀常见的造型非常多，无论古代和当代都是这样，我们先来看一下古代常见的造型，主要是明清时期传世下来的造型，如如意、笔筒、挂屏、毛笔杆、牙板、盒、博古柜、马鞍、花插、印盒、笔舔、钩子、镇纸、底座、木托、器座、算盘、边框、托盘、牌、释迦牟尼像、神像、宝座、花几、念珠、串珠、尺、大柜、小柜、箱、佛龛、磬架、转桌、书案、方桌、书匣、文房用具等都常见。民国时期基本上与清代十分相似，变化不是太大，但小叶紫檀的数量已经不多了。当代小叶紫檀在造型上基本延续清代以来的造型，改变也是很小，各种造型出现的频率比较低，只是有一些造型出现的频率非常之高，如手串、各种串珠等，这一点如果我们到商店里就会看到，几乎紫檀最多的造型就是各种各样的手串等。这显然与小叶紫檀资源稀缺，大料少见有关。另外，其他的造型也都是以小件为主，把件、吊坠等，非常之小。如果到市场上看挂饰类小件，我们会发现几乎是明清时期小叶紫檀造型的再现，只不过许多制作成了钥匙链、挂饰等。题材还都是以大件为摹本，如观音、弥勒、双龙、双凤、八宝葫芦、关公、蘑菇等，几乎是一个微缩版的明清红木造型世界。由此可见，小叶紫檀的造型种类在当代同样丰富，看来诸多造型从明清直至当代功能几乎没有太大的改变，只是由于缺料的缘故，造型在不断地变小，直至成为不能再小的串珠及挂件等。

小叶紫檀 "成就大业"

小叶紫檀串珠

小叶紫檀手串

小叶紫檀蘑菇

小叶紫檀手串

小叶紫檀四季豆

小叶紫檀〝成就大业〞

小叶紫檀 "成就大业"

小叶紫檀蘑菇

三、红酸枝

红酸枝是一个大类，按照国标，包含巴里黄檀、赛州黄檀、交趾黄檀、绒毛黄檀、中美洲黄檀、奥氏黄檀、微凹黄檀等，当然不同的具体材质有其独特的用途。如赛州黄檀比较适合于制作乐器，许多吉他就是由它而制作，当然它也是制作各种家具和雕件的主要材料。但总的来看，红酸枝木类比较适合于制作桌椅等，并不适合制作床榻等，因为多少都有一些酸味。其常见到的造型主要有手串、手镯、念珠、项链、串珠、佛珠、挂件、镇纸、貔貅、沙发、桌子、首饰盒、博古架、圈椅、算盘、车挂、钥匙链、书柜、雕刻摆件、象棋、乐器、工具等，由此可见，红酸枝的造型种类十分丰富。从时代上看，不同时代会出现相异的器物造型，相同的造型在不同的时代里数量会有异同，但是对于红酸枝来讲，明清时期的造型在今天很多基本上没有改变，可见当代延续传统的比较多。而我们知道造型因需要而产生，因为功能而延续，可见当代红木在功能上与明清时期许多基本是一致的。鉴定时应注意分辨。

红酸枝柜子·当代仿明清

酸枝手串

酸枝手串

红酸枝圈椅·当代仿明清

酸枝串珠

红酸枝茶壶·当代仿古

红酸枝柜子·当代仿明清

红酸枝茶几·当代仿明清

四、花梨木

花梨木也是一个大类，包含种类比较多，如越柬紫檀、安达曼紫檀、刺猬紫檀、印度紫檀、大果紫檀、囊状紫檀等。不同的树种在质地上有所不同，其最适合制作的器物也不同，这一点是肯定的。如刺猬紫檀就比较适合制作地板，因为它切面光滑，发出的清香有助于睡眠，同时也比较适合制作高档家具，经过仔细的雕琢，件件都可以成为精美绝伦的艺术品；印度紫檀则是制作钢琴的好材料，

缅甸花梨手串（大果紫檀）

缅甸花梨手串（鸟足紫檀）

缅甸花梨簪子

缅甸花梨簪子

悠扬的琴声与好的木料不无关系，同时也是制作高档电器外壳的材质，如电视机、收录机、手机等的外壳。街上的一些小贩不断地喊高价收购收录机、电视机等，实际上真正的目的看重的是电视机上的红木，当然收购很困难，因为很多都不是红木，结果当然是不收。大果紫檀主要在家具上应用很广。以上所述，实际上是在说什么样的材质适合制作什么器物造型，实际上界限并不严格，在现实中各种各样的制作都有见，本书认为只要是有创造性的都比较好，关键是要有创造性。下面我们来看一下常见的造型，主要有手串、佛珠、吊坠、沙发、柜子、桌子、椅子、博古架、狮子、葫芦、生肖、关公、观音、大象、核桃、马到成功、宝塔、如意、瓶、寿星、财神、八仙、帆船，以及家具、摆件等大器等。这些造型都比较常见，从件数特征上看较为均衡。当然，从绝对的数量上看还是珠子多一些，这与其造型有关。从时代上看，主要以当代为常见，其他历史时期在数量上不及当代，鉴定时应注意分辨。

五、鸡翅木

　　鸡翅木类在造型上也比较复杂。鸡翅木类包含非洲崖豆木、白花崖豆木、铁刀木等，不同的材质有着不同的优势。具体我们来看一下：如白花崖豆木和非洲崖豆木比较适合制作各种各样的家具，当然雕刻效果也是非常之好的；铁刀木的功能更加强大，可以制作各种雕件，建筑上的构建，以及乐器等，造型隽永，雕刻凝练，精美绝伦，其常见的造型主要有底座、罗汉、木箱、棋盘、笔筒、印盒、罗汉床、手椅、镇尺、臂搁、花几、圈椅、笔舔、供案、提盒、翘头案、平头案、靠背椅、架子床、串珠，等等。由此可见，鸡翅木类的造型种类十分丰富。从时代上看，主要以当代为显著特征，鉴定时应注意分辨。

鸡翅木串珠

鸡翅木串珠

鸡翅木串珠

鸡翅木串珠

鸡翅木串珠

六、条纹乌木类

条纹乌木类是红木中的重要类别，这种木材很早就被人们发现并利用，如晋代嵇含《南方草木状》载："文木树高七八尺，其色正黑，如水牛角，作马鞭，日南有之。"，可见在魏晋时期人们对其已是比较熟悉。实际上，条纹乌木是一个独立的类别，包含苏拉威西乌木和菲律宾乌木、毛药乌木等三种，在造型上十分丰富。常见的造型主要有串珠、珠子、床榻、观音、弥勒、双龙、双凤、八宝葫芦、关公、罗汉、手椅、镇尺、臂搁、花几、圈椅、平头案、靠背椅、柜子、象、乐器、装饰板材等，可见造型是比较繁多；毛药乌木常见床榻、太师椅、沙发等。其较为适合雕刻，所以在造型当中工艺品比较丰富，同时也是制作红木家具以及诸多乐器的好材质。另外，很多汽车内的装饰及一些高档室内装修也选择条纹乌木类。总之，用途非常之广，造型也是异常丰富。从时代上看，主要以当代为主，古代也有见，但数量不多，这一点我们在鉴定时应注意分辨。

七、黑酸枝类

黑酸枝类包含刀状黑黄檀、阔叶黄檀、卢氏黑黄檀、东非黑黄檀、巴西黑黄檀、亚马孙黄檀、伯利兹黄檀等，可见树种非常之多。黑酸枝类是当代人们最为常用的红木材质，常见的造型主要有倭角盘、洗、盂、带钩、风车、围棋盒、帖架、长条桌、盆架、罗汉床、蝉凳、画案、提盒、长颈瓶、药箱、帖盒、响板、碗、棋桌、万历柜、箱柜、交椅、画桌、串珠、梳背椅、架子床、三连柜、靠背椅、笔盒、窗子、棋盘、镜台、小柜、衣架、圈椅、书架、书桌、躺椅、交杌、首饰盒、方凳、围屏、画匣、脚凳、官帽椅、折扇、书箱、平头案、翘头案、圆角柜、方角柜、炕桌、鸟笼、水盂等。可见，常见的红木造型几乎都有涉及，大到红木家具，小到串珠等都有见。但从时代上看，主要是以当代为主，在总量上有相当的量，鉴定时应注意分辨。

紫光檀摆件（东非黑黄檀）

八、乌木类

乌木类包含乌木、厚瓣乌木，可见乌木类与传统的四川乌木是有区别的。乌木类普遍较为坚硬、致密，如厚瓣乌木等都是特别的硬，经常把刀具打钝，可见其硬度。因此，在造型上手工制作很困难，目前多是制作一些串珠、手把件、床榻、椅子、沙发等简单的造型。总的来看，器物造型不是很多。在市场上不同种类的乌木在造型上也有所区别，如厚瓣乌木、蓬塞乌木（GB/T18107—2000）常见串珠、手把件等。但这只是目前市场上的情况，并不是说乌木类只适合制作这些制品，只是人们目前对于它的认识还有待于深入。相信乌木类以后在造型上还会有更大的空间。从时代上看，红木当中的乌木类产品以当代最为常见，其他时代不是很常见。这一点我们在鉴定时应注意分辨。

黑檀串珠（蓬塞乌木）

黑檀串珠（蓬塞乌木）

第三章　形制鉴定

第一节　珠　形

　　红木当中球形的造型最为常见。当然珠子的造型有很多，如扁圆形、算珠形、椭圆形、筒珠等多种造型。大多数珠子的形状是球形，一般磨制成大小不一的珠子，中间打孔后用绳子穿起来，成为串珠、手链、项链等装饰品。从概念上看，红木珠形的造型比较复杂，如球形造型在概念上特征比较明确，就是像球一样的造型，但真正看到红木珠子的造型，特别是明清时期珠子造型由于是手工制作，所以基本上达不到几何意义上的球形，因此所谓的球形实际上是以视觉为判断标准的形状。从时代上看，主要以当代为最常见，我们可以在市场上看到各种红木串珠。各种造型的红木串珠，各种品种的红木串珠，多数是由边角料打磨而成，是当代红木造型当中的一道亮丽风景线。红木珠子在清代和民国时期也是常见，只是在数量上少一些。这一点我们在鉴定时应注意分辨。当然，也可反映出当代红木原料比较充足，边角料的数量也非常多，这样才造就了在数量

酸枝手串

黄花梨串珠

小叶紫檀手串

上无与伦比的串珠制品。从规整程度上看，红木的珠子在技术含量上以当代为最高。当代珠子使用了机械磨圆的技术，在打磨上非常好，生产效率也高，成本更低廉。当代生产了比以往任何一个时代都多的珠子，生产了比以往任何一个时代都多的串珠、手链、项链、挂件等，由此可见，人们对于圆球形的偏爱，而古代因是纯手工制作，或者是半机械打磨，在规整程度上显然没有当代整齐划一，鉴定时应注意分辨。

黄花梨串珠

第二节　圆柱形

　　圆柱形的造型在红木中常见。圆柱形是立方体的水平旋转，圆柱体就是由圆柱形组成的，这种造型在红木上经常被应用到各种造型中，大到家具，小到串珠。较为标准的造型如筒珠，筒珠的造型比较丰富，无论是中国古代还是当代都常见，可以作为挂件单独存在，也可以作为组件，制作成手串等。从具体造型上看，筒珠的造型实际上并不是几何意义上的概念，而只是视觉上的概念，以视觉为判断标准。筒珠的圆柱体基本上都比较规整，不规整的情况是顶面和底面的边缘往往有弧度，如红木笔筒的造型。但这项设计显然在感观上漂亮了许多。从时代上看，圆柱形的造型在明清时期有见，各种工艺品中都有见，已经是比较流行；民国时期基本上也是常见，延续清代；当代圆柱形的红木造型也常见，基本上延续传统，主要

黄花梨摆件

缅甸花梨串珠

以串珠、各种各样的手链为多见。但当代在家具及各种工艺品中的
应用也是非常之广，我们在鉴定时应注意分辨。实际上，红木几乎
可以和现在的筒珠画上等号，当代红木圆柱形的造型数量最多，筒
珠的数量达历史新高。鉴定时应注意分辨。

非洲花梨串珠（刺猬紫檀）

缅甸花梨串珠

鸡翅木串珠

鸡翅木串珠

鸡翅木手链

鸡翅木串珠

海南黄花梨执壶（三维复原色彩图）

第三节　长方形

　　红木中长方形的造型比较常见，可以说是红木造型上的主流，明清、民国、当代都比较常见。最为典型的例子如红木门、窗、桌、几、案、柜子、沙发、牌、吊坠、印章、长方形管、抽屉，等等。这些都是长方形造型较为明显应用的造型，可见范围之广，可谓造型繁多，异常复杂。从概念上看，长方形只是一种形制，而不是一种具体的造型。实际上，无论是牌饰还是家具等，对于红木而言实际上更为贴切的造型是长方体，就是六个长方形面围成的立体空间。无论牌多么薄，显然长方体的空间都是存在的。无论长方形的桌子厚薄，其实桌面本身就是一个长方体的造型，这一点我们在鉴定时应注意分辨。但从具体造型上看，所谓长方形的造型实际上多数不是几何意义上的，而是视觉上的，以视觉

红酸枝圈椅·当代仿明清

红酸枝圈椅·当代仿明清

为判断标准。如牌饰的造型，通常情况下四个角都不是 90 度的，而是有弧度的，不同的牌饰弧度不同；家具其实也是这样，桌子的四面、甚至门的四面我们可以观察其实也都是有弧度的。当然现代技术可以做到纯粹的长方形，如果电脑进行操作机器切割的话，长方体的造型是准确的。但家具和艺术品不是几何模型，而是和人们交流的元素，因此通常情况下都是有弧度的，这样才有美感。从时代上看，明清、民国、当代在长方形上没有过大的区别，在数量上都很多，是其主流的造型元素之一。鉴定时我们应注意分辨。

红酸枝抽屉·当代仿明清

红酸枝柜子·当代仿明清

小叶紫檀碗（三维复原色彩图）

第四节　椭圆形

　　红木椭圆形的造型十分常见，涉及的造型也比较丰富。如茶几、圆桌、串珠、椭圆形珠、吊坠、耳坠、挂件、餐桌等都常见。就其造型本身而言，椭圆形珠子其实是由圆形演变而来，就是较薄的圆形。当然理论上是这样的，但是从红木珠子的造型上来看却并不是几何意义上的，而是视觉上的概念，以视觉为判断标准。如椭圆形的桌子就常见，有的是作为餐桌，有的是作为会议桌子，总之根据功能的不同，其椭圆形的程度不同。实际上对于具体的造型而言，椭圆形的造型更多地运用在红木的具体造型上，如沙发靠背的某一部分，或者艺术品造型的某一部分等。从数量上看，椭圆形的造型在单独的造型数量上并不突出，如椭圆形的餐桌其实并不是特别常用，一般都是圆形或长方形、正方形的情况比较多见，因此基本上处于偶见的状态。从其他具体造型上看也是这样，如串珠的造型当中，真正椭圆形的手串和项链等均不是很常见。从规整程度上看，椭圆形的红木造型在规整程度上大多是圆度规整，非常的漂亮，这与红木材质的珍贵性有关，因此规整的程度基本上也是随着其红木材质珍贵的程度而起伏，但起伏的程度不像南红玛瑙和普通玛瑙那么大而已，鉴定时应注意分辨。从时代上看，各个历史时期与当代差别不大，基本上椭圆形的造型都有见，造型规整，弧度圆润。但古代数量不是太多，不能占据主流地位。明清和民国时期基本上都是手工制作，而当代是以机械制作为主，在造型的规整长度上更标准一些。但这绝不是说明清时期不好，明清时期的家具等椭圆形的造型在规整程度上也不差。总之，椭圆造型非常适合人们的视觉审美习惯，是人们相当欣赏的一种造型。鉴定时应注意分辨。

红酸枝茶几·当代仿明清

第五节　正方形

　　正方形在红木上的应用比较广泛，正方形的造型运用在红木当中特别有型，如餐桌、椅子、牌子、吊坠、玺印、柜子、方管等都有使用。当然独立成器的造型还是有限，但是作为一种元素出现几乎是贯穿于绝大多数的红木家具当中。中国天圆地方的概念自古就有，如新石器时代的玉琮就是这种观念的代表性器物。玉琮外方内圆，外方代表的是大地，大地一层层的上升，最终到达圆孔的尽头，也就是神话中的天庭。但玉琮在概念上显然未能达到正方形，而正方形的出现显然是更晚的事情。正方形，主要以印章的出现为标准。不过由此可见，中国人正方形的观念由来已久了，同时也衍生出了一些特殊的含义，如方正不阿，所以正方形的造型实际上在中国深得人心，很有市场，这刚好与名贵的红木相映照。于是在红木制品上的应用自然也是非常之广。从具体造型上看，纯正的正方形在红木上比较少见，如桌子、茶几等的造型四

红酸枝茶几·当代仿明清

红酸枝茶几·当代仿明清

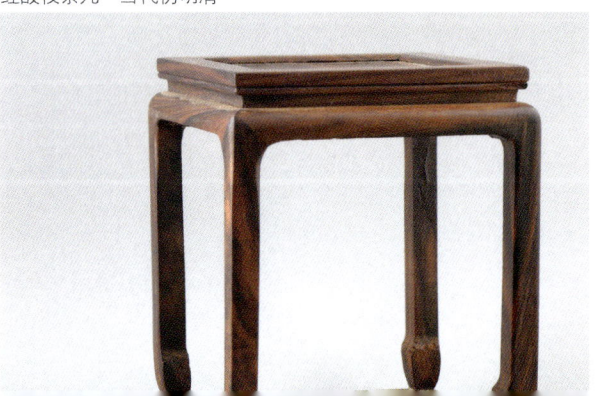

周往往是有弧度的，而各种元素的应用基本上也是这样。在红木上有些很小的正方形镂空，但这往往不是几何意义上的，而是视觉意义的概念，以视觉为判断标准。红木吊坠也是这样，不是技术上不能达到纯正的正方形造型，而是正方形的造型只有通过艺术处理，如加上四个有弧度的角，这样才可能使得冰冷的几何造型变得有生气，有了艺术的效果，看起来非常漂亮。例子不再赘举。从时代上看，正方形的造型在时代特征上并不是很明显，无论在古代还是当代都是十分常见。如果纯粹从数量上看，以当代为多见，但是从比例上看，明清与当代还是基本相似，可见正方形造型在红木上应用之广，鉴定时应注意分辨。

红酸枝茶几·当代仿明清

红酸枝茶几·当代仿明清

第六节　圆 形

圆形是红木当中最常见的造型，圆形餐桌、独腿圆桌、底座、鸟笼、盘、碗、碟、瓶、盒、圆珠等器皿之上都有见，可以说数不胜数。当然，圆形的概念在中国人的观念当中很早就有，无论是新石器时代玉琮所告诉我们的"天圆地方"，还是仰韶文化彩陶钵上那众多的弧线圆点纹，都在昭示着圆形自古就被人们所膜拜。再加之后来儒家中庸学说的熏陶，将事情做好、做圆，自圆其说不知在何时已经流淌

红酸枝茶几·当代仿明清

红酸枝茶几·当代仿明清

越南黄花梨执壶（三维复原色彩图）

到了中国人的血液里。所以，
明清时期将红木的诸多造型制作成
圆形，或者是加上圆形的元素，也就
变得自然而然了。从具体造型来看，圆
形显然是一种几何造型，但对于红木上的
圆形而言，显然很多达不到绝对的几何形状，而只是以视觉为判断
标准。但是，当代制作的圆形红木制品在标准程度上略高于明清及
民国时期，因为古时候由于手工制作，想要打磨硬度如此之大的材质，
很难能像机械切割那样精准。总之，圆形的造型在红木当中使用很广，
是其最基本的造型之一。鉴定时应注意分辨。

红酸枝茶壶·当代仿古

小叶紫檀珠

红酸枝茶杯·当代仿古

红酸枝茶杯·当代仿古

小叶紫檀执壶（三维复原色彩图）

第七节　橄榄形

　　橄榄形的造型在红木当中经常有见，主要就是串珠。橄榄的原产地在中国，是一种美味的水果，为中国人所熟悉。因此，橄榄的造型出现在古代的红木当中也很正常。不过从具体的造型上看，橄榄形的造型在红木当中并不常见，多是在串珠中有见，也就是珠子的造型，被制作成手串、项链等。从形制上看，橄榄非常有形，两头小，中间大。这种造型对于红木而言实际上并不容易制作，特别是古代手工打磨的情况更是如此。事实上也是这样，明清时期所见橄榄形的造型很少。从时代上看，主要以当代的为多见，这主要得益于当代高超的打磨技术，要想利用机械打磨出橄榄的造型也是比较容易的事情。于是在当代，可以说是大量的橄榄形的串珠等出现了。由此可见，橄榄的造型在红木上只是在当代流行。当代红木之所以以如此大的热情来描述橄榄，显然是源自于一种情结，这种情结就是明清时期比较难办的事情，在当代很容易就完成了。这种现象经常出现在红木乃至推而广之到珠宝之上。在这种情结影响之下，红木橄榄形的造型在当代就流行了起来。但从数量上看，橄榄形的造型所谓的流行只是与明清时期相比，如果与当代圆形珠子相比显然只能算是少数。因此，我们在利用形制来鉴定红木时，看到任何造型都不要奇怪，但一定要问一个为什么？因为一种造型不可能会无缘无故产生，当然也不会无缘无故地消失。有的时候原因会很难找，就如同上面橄榄形的造型因情结而生。从具体的造型上看，红木所谓橄榄形的造型其实很少见到几何意义上的橄榄形，与真正橄榄的造型还是有区别，多数属于视觉意义上的，以视觉为判断标准，鉴定时应注意分辨。

第八节　体　积

体积是红木造型的重要方面。对于红木的体积而言，造型特征是异常的复杂和繁复。大者我们知道有家具、宝座、沙发、桌子、柜子、凳子，等等。但是，显然家具不是最大的，最大的可以是房屋建筑。当然，能够用得起料的多数是宫殿，这是红木在体积上大的造型。从中等的来看，主要以工艺品为主，如红木的观音、佛龛、摆件、山子、底座等，器物类别众多。从小件来看，所谓的小件概念很明确，就是特别小的红木制品。最小的莫过于珠子，当我们看到如黄豆粒大小的珠子时或许会感叹红木在体积上真的是有很大差别。当然，珠子可以串联起来组成手串、项链、佛珠等，其造型立刻可以升级到近乎中等大小的红木制品。由此可见，红木物件在体积上的大小其实在某种条件下是可以达到互换的。这样我们就可以看到红木在体积上主要可以分为大器、中等器皿、小器。

从数量上看，这三个等级在数量上自然是以小器为最多，其次是中等器皿，再次是大器；但是

小叶紫檀蘑菇

红酸枝圈椅·当代仿明清

从耗材上看，却刚好是反过来的，大器最耗材，最节省材料的是小器。实际上，很多串珠和小挂件等都是利用制作大器或者是中等器皿所留下的边角料制作而成。这样我们就可以知道，体积对于红木价值的判断十分重要。同种材质的红木大器自然是最为名贵，而中等大小的器皿价值则是降了一大半，小器在价值上更是损失不小，因为很多是用边角料雕刻而成，价值有限。由此，我们还要注意一个问题：如果是形制相同的红木器皿，我们要看其种类；而同种又同形的红木，我们则要看其体积。体积显然是红木鉴定中评价值的重要因素。很显然如果是把玩于掌心、甚至更小的红木作品，哪怕它是质地最好的小叶紫檀或者海南黄花梨，那么它的价值也是有限，几百块钱而已。但是，如果是大件那价值是不可估量的，成百上千万都有可能。这个问题看似简单，实际上很多人很难过关，当看到自己喜欢的物件时，实际上已经将体积的概念弱化了，会花大价钱买下。而这也是红木类作品越做越小，以小器为主的根本原因。以上只是市场上的一些情况，鉴定时我们应注意体会。

海黄紫油梨耳勺

小叶紫檀串珠

越南黄花梨鱼

海黄紫油梨"节节高"竹节

小叶紫檀"连生贵子"

第四章 识市场

第一节 逛市场

一、国有文物商店

国有文物商店收藏的红木具有其他艺术品销售实体所不具备的优势，一是实力雄厚，二是古代红木数量较多；三是中高级专业鉴定人员多；四是在进货渠道上层层把关；五是国有企业集体定价，价格不会太离谱。国有文物商店是我们购买红木的好去处，基本上每一个省都有国有的文物商店，是文物局的直属事业单位之一。下面我们具体来看一下表4-1。

表4-1 国有文物商店红木品质优劣表

名称	时代	品种	数量	品质	体积	检测	市场
红木	高古						国有文物商店
	明清	稀少	少见	优／普	小器为主	通常无	
	民国	稀少	少见	优／普	小器为主	通常无	
	当代	多	多	优／普	大小兼备	有／无	

酸枝念珠

鸡翅木串珠

酸枝串珠

　　由表 4-1 可见，从时代上看，国有文物商店古代红木有见，但主要以明清时期为主，高古红木几乎不见。当代红木则比较流行。从品种上看，明清红木品种不是太多，主要是指明清时期我国从东南亚一带进口的红木原料。也就是当时人们就认识到红木生长周期过长，好的红木生长周期需要五六百年时间，所以大量收购了东南亚一带的红木原材作为备料，如交趾黄檀等。这些备料很珍贵，因为由于当时人们的备料心理，导致了非常严重的后果，就是当时人们认为的红木几乎被砍伐殆尽。但也正是人们的"惜"料，所以留下了很大一部没有使用的原木，通常称为老红木。而文物商店内的明清民国红木，基本上都是这种老红木。当代红木在品种上比较丰富，从单一的老红木走向广义概念，如降香黄檀、安达曼紫檀、奥氏黄檀、巴里黄檀、巴西黑黄檀、白花崖豆木、伯利兹黄檀、刺猬紫檀、大果紫檀、刀状黑黄檀、东非黑黄檀、非洲崖豆木、菲律宾乌木、厚瓣乌木、交趾黄檀、阔叶黄檀、卢氏黑黄檀、毛药乌木、囊状紫檀、绒毛黄檀、赛州黄檀、苏拉威西乌木、檀香紫檀、铁刀木、微凹黄檀、乌木、亚马孙黄檀、印度紫檀、中美洲黄檀等都纳入了红木范畴。从数量上看，国有文物商店内的红木明清时期少见，民国时期基本上也是这样，只有当代红木在数量上比较多见。从品质上看，明清红木在品质上较为优良，但以当代的标准并不是最好的料。当代红木在品质上则是优良与普通并存，如海南黄花梨、印度小叶紫檀都是十分珍贵的料子，而如大果紫檀等则是普通料。从体积上看，国有文物商店内的古董红木家具等有见，但比较少，主要是小件，如串珠、挂件等小件为主；而当代红木在大小上则是兼备，既有大型的家具，同时也有小件的串珠、把件等。这与当代红木的大量进口，资源相对较多有密切的关系。从检测上看，明清、民国红木通常没有检测证书等，当代有一些红木有检测证书。但检测证书只能说明是某一种红木品种，而并不能说明其优劣。

酸枝手串

海黄"梅兰竹菊"君子吊坠

紫光檀标本

小叶紫檀"连生贵子"

鸡翅木串珠

海黄紫油梨"节节高"竹节

红酸枝茶几·当代仿明清

油梨把件

红酸枝柜子·当代仿明清

红酸枝茶壶·当代仿古

二、大中型古玩市场

大中型古玩市场是红木销售的主战场，如北京的琉璃厂、潘家园等，以及郑州古玩城、兰州古玩城、武汉古玩城等都属于比较大的古玩市场，集中了很多红木销售商，像北京的报国寺只能算作是中型的古玩市场。下面我们具体来看一下表4-2。

表4-2　大中型古玩市场红木品质优劣表

名称	时代	品种	数量	品质	体积	检测	市场
红木	高古						大中型古玩市场
	明清	稀少	少见	优／普	小器为主	通常无	
	民国	稀少	少见	优／普	小器为主	通常无	
	当代	多	多	优／普	大小兼备	有／无	

越黄手把件

黄花梨摆件

黄花梨老料家具组件·清代

红酸枝柜子·当代仿明清

由表 4-2 可见，从时代上看，大型古玩市场上的红木，明清、民国和当代都有见，只是高古红木不多见。其中以当代红木数量最多。从品种上看，明清红木较为单一，主要以老红木为多见，而当代则主要是以国家标准的红木为主。当然，民间比较认可的还是黄花梨、小叶紫檀、红酸枝，等等。总之，红木的种类较多。从数量上看，大型古玩市场内的明清红木有见，但总量比较少，而且有很多并不靠谱；当代的红木比较多，国家标准中的五属三十三个品种都有。从品质上看，无论是古代还是当代，基本上都是以优良为主，普通料也有见。而且是以名品为主，如黄花梨、小叶紫檀等名品，最受人们欢迎。从体积上看，大中型古玩市场中的红木，明清时期以小件为主，大型家具也有见，但数量比较少。当代红木在体积上大小兼具，既有家具，也有小的串珠、佛珠、把件等。从检测上看，明清红木有检测的很少，而当代红木检测与不检测基本都有见，可以说是平分秋色。实际上对于内行而言，红木的检测报告没有太大意义；但对于外行来讲，特别有意义。因为红木的种类很多，有几十个品种，如果不检测，外行很难知道是哪一个树种。

红酸枝圈椅·当代仿明清

酸枝手串

红酸枝茶壶、杯组合·当代仿古

三、自发形成的古玩市场

这类市场三五户成群，大一点的有几十户。这类市场不很稳定，有时不停地换地方，但却是我们购买红木的好地方。下面我们具体来看一下表4-3。

表4-3 自发古玩市场红木品质优劣表

名称	时代	品种	数量	品质	体积	检测	市场
红木	高古						自发古玩市场
	明清	稀少	少见	普／劣	小器为主	通常无	
	民国	稀少	少见	普／劣	小器为主	通常无	
	当代	多	多	优／普	大小兼备	通常无	

酸枝手串

　　由表 4-3 可见，从时代上看，自发形成的古玩市场上的明清红木依然有见，但多数是一些串珠、挂件等小件，家具等大器很少见，真伪也需辨别。从品种上看，自发形成的古玩市场上的明清和民国时期红木作品以老红木为主，如串珠等多是利用边角料磨制而成。当代红木在数量上、品种上都比较丰富，可以说各种红木品类都有见。如红酸枝的串珠、紫光檀（东非黑黄檀）的串珠等就十分常见，价格不高，老百姓也愿意买，在这类市场上十分常见。从数量上看，明清、民国的老红木很少见，即使有见，真伪也是需要仔细甄别；以当代红木为主，但高档材质的制品也不多见。从品质上看，明清和民国时期的红木在品质上以优质料为主，普通料也有见，但极差者几乎不见；当代红木在这些市场上也是优质与普通都有见，但以优质料为主。从体积上看，明清及民国基本以小器为主，大器如家具等为辅；而当代则是大小兼备。这主要是由于当代红木的原材储备量很大，可以随心所欲地制作家具及各种装饰品等。从检测上看，这类自发形成的小市场上基本上没有检测证书，全靠眼力。

越黄手把件

红酸枝茶几·当代仿明清

红酸枝圈椅 · 当代仿明清

红酸枝茶几 · 当代仿明清

黄花梨狮子吊坠

四、大型商场

　　大型商场内也是红木销售的好地方。因为红木本身就是奢侈品，同大型商场血脉相连。大型商场内的红木琳琅满目，各种红木应有尽有，在红木市场上占据着主要位置。下面我们具体来看一下表4-4。

表4-4 大型商场红木品质优劣表

名称	时代	品种	数量	品质	体积	检测	市场
红木	高古						大型商场
	当代	多	多	优／普	大小兼备	通常无	

黄花梨狮子吊坠

红酸枝柜子·当代仿明清

红酸枝茶几·当代仿明清

　　由表 4-4 可见，从时代上看，大型商场内的红木以当代为主，明清时期的基本没有。从品种上看，大型商场内红木的种类非常多，黄花梨、小叶紫檀、红酸枝、巴西黑黄檀、白花崖豆木、伯利兹黄檀、刺猬紫檀、大果紫檀、刀状黑黄檀、东非黑黄檀等都有见。从数量上看，各类红木都非常多，可以自由选择。从品质上看，大型商场内的红木在品质上以优质为主，如黄花梨、小叶紫檀等为多见；普通的红木有见，但不是主流。从体积上看，大型商场内红木大小兼备，但总之是以小器为主，主要以串珠、摆件、挂件、把件等为多见。从检测上看，大型商场内的红木由于比较精致，十分贵重，多数有检测证书。

红酸枝圈椅·当代仿明清

五、大型展会

大型展会，如红木订货会、工艺品展会、文博会等成为红木销售的新市场。下面我们具体来看一下表 4-5。

表 4-5 大型展会红木品质优劣表

名称	时代	品种	数量	品质	体积	检测	市场
红木	高古						大型展会
	明清	稀少	少见	优／普	小器为主	通常无	
	民国	稀少	少见	优／普	小器为主	通常无	
	当代	多	多	优／普	大小兼备	通常无	

由表 4-5 可见，从时代上看，大型展会上的红木明清、民国时期都有见，但数量很少，主要以当代为主。从品种上看，大型展会红木品种比较多，已知的红木品种基本上展会都能找到。从数量上看，各种红木琳琅满目，数量很多。批发的摊位上可以看到成麻袋的串珠，以及做工精致的把件、摆件等。同时还有家具等。从品质上看，大型展会上的红木在品质上可谓是优良者有见，但更多是普通者。从体积上看，大型展会上的红木在体积上大小都有见，这与当代红木原料大量进口有关，但明清时期的红木主要是以小器为主。从检测上看，大型展会上的红木多数无检测报告，只有少数有检测报告，但也能证明是红木，其优良程度则无法判断，主要还是依靠人工来进行辨别。

老挝红酸枝簪子

缅甸花梨簪子

小叶紫檀四季豆

六、网上淘宝

网上购物近些年来成为时尚，同样网上也可以购买红木。上网搜索会出现许多销售红木的网站。下面我们通过表 4-6 来看一下。

表 4-6 网络市场红木品质优劣表

名称	时代	品种	数量	品质	体积	检测	市场
红木	高古						网络市场
	明清	稀少	少见	优／普	小器为主	通常无	
	民国	稀少	少见	优／普	小器为主	通常无	
	当代	多	多	优／普	大小兼备	有／无	

由表 4-6 可见，从时代上看，网上淘宝可以很便捷地搜索到明清、民国及当代的红木，同时也可以搜索到不同质地的红木家具，红木的三十三个品种都可以买到。但是，在便捷的同时，人们也意识到不能见到实物是网上购物的一个缺陷，特别是无法闻到红木的香韵。但任何事物都是有利有弊，这是无法回避的客观现实。从品种上看，红木的品种极全，几乎囊括所有的红木品类。从数量上看，各种红木的数量也是应有尽有，只不过相对来讲普通红木最多。如红酸枝的手串多少条都有见，而且价格便宜，可达几元钱。但是黄花梨等在数量上虽然也是很多，但毕竟是有限，特别是大器的数量很少，价格动辄几千万都是很正常的事情。从品质上看，红木的品质古代和当代都是以优良和普通为主。从体积上看，古代红木家具少见，多数是小器；而当代则是以大型家具为主，同时把件、挂件、串珠等也多见，在体积上大小件兼备。从检测上看，网上淘宝而来的红木大多没有检测证书，只有一部分有检测证书。当然，在选择购买时最好是选择有证书者。但证书只是其木材属性的描述，并不能对品质进行有效的判断，这一点我们在购买时应注意分辨。

鸡翅木串珠

黄花梨狮子吊坠

七、拍卖行

　　红木拍卖是拍卖行传统的业务之一，也是我们淘宝的好地方。具体我们来看一下表 4-7。

表 4-7　拍卖行红木品质优劣表

名称	时代	品种	数量	品质	体积	检测	市场
红木	高古						拍卖行
	明清	稀少	少见	优良	小器为主	通常无	
	民国	稀少	少见	优良	小器为主	通常无	
	当代	稀少	多	优／普	大小兼备	通常无	

　　由表4-7可见，从时代上看，拍卖行拍卖的红木明清、民国的都有，但当代红木为主。从品种上看，拍卖市场上的红木在品种上并不是很齐全，明清民国以老红木为主，而当代则是以海南黄花梨、印度小叶紫檀等为主。从数量上看，拍卖的红木以明清为多见，当代精品为多见，但在数量上都极为有限。从品质上看，明清红木优良和普通的质地都有见，以优良料为显著特征，在料上比较稳定；而当代红木也是优良和普通料都有见，但主要以优良料为主，基本延续传统。从体积上看，明清红木在拍卖行出现多无大器，只是偶见大器；而当代红木在体积上大小兼备，但从绝对数量上看还是以小器为主。从检测上看，拍卖场上的红木一般情况下也没有检测证书，其原因是红木其实比较容易检测，所以拍卖行有专业人员鉴定时基本可以过滤掉伪的红木。

黄花梨老料家具组件·清代

酸枝手串

八、典当行

典当行也是购买红木的好去处。典当行的特点是对来货把关比较严格。一般都是死当的红木作品才会被用来销售。具体我们来看一下表4-8。

表4-8 典当行红木品质优劣表

名称	时代	品种	数量	品质	体积	检测	市场
红木	高古						典当行
	明清	稀少	少见	优良	小器为主	通常无	
	民国	稀少	少见	优良	小器为主	通常无	
	当代	稀少	多	优/普	大小兼备	有/无	

黄花梨狮子吊坠

　　由表4-8可见，从时代上看，典当行的红木古代和当代都有见。明清和民国时期的制品虽然不是很多，但时常有见，主要以当代为多见。从品种上看，典当行的红木在品质上也比较单一，以老红木、黄花梨、小叶紫檀等为主。从数量上看，明清红木的数量极为少见，当代红木比较常见。从品质上看，典当行内的红木以优质和普通者均有见，但以优质料为主。从体积上看，明清红木在体积上通常比较小，很少见到大器；当代则是大小兼具。如红木家具等都常见，但以串珠等为多见。从检测上看，典当行内的红木制品真正有检测证书的也不多见，当代的红木相对多一些。

红酸枝茶杯·当代仿古

酸枝手串

九、大型家具市场

大型展会，家具市场成为红木销售的新市场，下面我们具体来看一下表4-9。

表4-9 大型家具市场红木品质优劣表

名称	时代	品种	数量	品质	体积	检测	市场
红木	高古						大型家具市场
	明清	稀少	少见	优／普	较大	通常无	
	民国	稀少	少见	优／普	较大	通常无	
	当代	稀少	多	优／普	较大	通常无	

越黄手把件

　　由表4-9可见，从时代上看，大型家具市场上的红木以家具为主，明清、民国时期很少见，以当代为主，当然也有艺术品。从品种上看，大型家具市场红木品种比较多，已知的红木品质基本上展会都能找到。从数量上看，各种红木琳琅满目，数量很多，各种家具整齐排列，蔚为壮观，也有一些串珠、雕件类等。从品质上看，大型家具市场上的红木在品质上可谓是优良者有见，更有见普通者。从体积上看，大型家具市场上的红木在体积上由于多数是家具，所以以大为主，小器也有见，但不是主流。从检测上看，大型家具市场上的红木多数无检测报告，只有少数有检测报告，但也只能是证明是红木，其优良程度则是无法判断，主要还是依靠人工来进行辨别。

红酸枝茶杯·当代仿古

黄花梨狮子吊坠

黄花梨碗（三维复原色彩图）

第二节 评价格

一、市场参考价

红木具有很高的保值和升值功能。不过，红木器具的价格与时代以及工艺的关系密切。红木虽然在各个历史时期都有见，但是普及的时间很短，主要是在明清以后。在整个红木史当中以树种和品质为上，一般人都以能够收藏到优质的黄花梨和印度小叶紫檀为荣，而普通材质的红木，无论古代和现代则多是入门级的。因此，品质上乘的优质红木，加上精湛的工艺，基本都是价值连城，价格可谓是一路所向披靡，青云直上九重天。如明代黄花梨家具几百万者多见，几千万者也并不鲜见；但普通的红木通常在几千到几万元之间，价格比较低，这是由于其数量比较多。可见大多数红木在价格上总体还不是特别高。由上可见，红木器具的参考价格比较复杂。下面让我们来看一下红木器具主要的价格，但是，这个价格只是一个参考，因为本书价格是已经抽象过的价格，是研究用的价格，实际上已经隐去了该行业的商业机密，如有雷同，纯属巧合，仅仅是给读者一个参考而已。

小叶紫檀珠

小叶紫檀串珠

明 黄花梨柜（四件）：2800 万～ 3800 万元。

明 黄花梨南官帽椅：86 万～ 1480 万元。

明 黄花梨酒桌：17 万～ 22 万元。

明 黄花梨笔筒：2 万～ 3 万元。

明 黄花梨托盘：0.8 万～ 1.5 万元。

清 黄花梨箱：20 万～ 28 万元。

清 鸡翅木嵌银棋盘：0.3 万～ 0.6 万元。

清 红木嵌银盘：3.8 万～ 4.9 万元。

清 紫檀嵌银丝镇纸：2 万～ 3 万元。

清 紫檀嵌银丝盒：2.6 万～ 2.8 万元。

清 黄花梨黑漆嵌银丝盘：2 万～ 2.8 万元。

清 紫檀嵌银丝边框：2 万～ 2.6 万元。

清 红木如意：6 万～ 9 万元。

清 红木嵌玉如意：0.5 万～ 0.8 万元。

清 红木镜架：0.9 万～ 1.6 万元。

清 红木嵌绿松石插屏：2.8 万～ 3.8 万元。

清 红木嵌大理石座屏：1.6 万～ 2.8 万元。

清 红木镜屏：0.3 万～ 0.38 万元。

清 红木隔板：0.9 万～ 1.6 万元。

清 红木寿字板：0.4 万～ 0.48 万元。

清 红木文房盒：5 万～ 5.8 万元。

清 红木盒：2 万～ 6 万元。

清 红木盖：0.2 万～ 0.7 万元。

清 红木画盒：3 万～ 5 万元。

清 红木嵌景泰蓝香几：1 万～ 3 万元。

清 红木嵌百宝座屏：29 万～ 38 万元。

清 红木磬架：0.4 万～ 0.48 万元。

清 红木嵌寿山石座屏：0.46 万～ 0.68 万元。

清 红木嵌瓷座屏：0.52 万～ 0.88 万元。

清 红木箱：2 万～ 2.8 万元。

清 红木嵌百宝箱：5.6 万～ 8.8 万元。

清 红木笔筒：2.5 万～ 6.5 万元。

清 红木书匣：0.3 万～ 0.6 万元。

清 瘿木嵌红木笔筒：2.2 万～ 3.3 万元。

清 红木折叠架：0.2 万～ 0.6 万元。

清 红木八方盒：0.5 万～ 0.8 万元。

清 红木托架：0.4 万～ 0.7 万元。

清 红木画盒：2.6 万～ 20 万元。

清 红木嵌黄杨盒：0.2 万～ 0.6 万元。

清 红木嵌大理石几：2 万～ 3 万元。

清 红木砚架：0.7 万～ 0.9 万元。

清 红木炕桌：2 万～ 2.8 万元。

清 红木经盒：0.7 万～ 0.76 万元。

清 红木摆件：20 万～ 28 万元。

清 红木书箱：0.7 万～ 0.79 万元。

清 红木药箱：2 万～ 2.8 万元。

清 红木架皮箱：0.7 万～ 0.79 万元。

清 红木寿桃座：0.5 万～ 0.68 万元。

清 红木插屏：5 万～ 8 万元。

清 红木托架：4 万～ 5 万元。

清 红木座：0.9 万～ 1.3 万元。

清 红木挂屏：0.5 万～ 0.8 万元。

清 红木嵌青花瓷挂屏：1.5 万～ 3.5 万元。

清 黄花梨杆毛笔：0.2 万～ 0.6 万元。

清 黄花梨瘤根笔筒：2 万～ 6 万元。

清 黄花梨笔筒：1 万～ 3 万元。

清 紫檀黄花梨边框：1 万～ 3 万元。

清 黄花梨帖架：6 万～ 8 万元。

清 黄花梨挂匾：93 万～ 98 万元。

清 黄花梨小笔筒：2 万～ 2.6 万元。

清 红木嵌大理石太师椅：2 万～ 2.7 万元。

清 红木嵌大理石灵芝椅：16 万～ 19 万元。

清 黄花梨凳：3.3 万～ 3.8 万元。

民国 红木框挂镜：0.3 万～ 0.6 万元。

民国 红木嵌大理石座屏：5 万～ 6 万元。

民国 红木嵌象牙盒：0.9 万～ 1.6 万元。

民国 红木嵌螺钿大笔海：3 万～ 3.9 万元。

民国 红木嵌大理石托盘：0.4 万～ 0.48 万元。

当代 黄花梨画案：380 万～ 480 万元。

当代 黄花梨玫瑰椅：2.2 万～ 2.8 万元。

二、砍价技巧

砍价是一种技巧，但并不是根本性的商业活动，它的目的就是与对方讨价还价，找到对自己最有利的因素。但从根本上讲，砍价只是一种技巧，理论上只能将虚高的价格谈下来，但当接近成本时显然是无法真正砍价的。所以，忽略红木的时代及工艺水平来砍价，结果可能不会太理想。通常，红木的砍价主要有几个方面。一是树种，红木所讲究的就是树种，黄花梨比红酸枝要名贵许多，同样红酸枝又比鸡翅木名贵，在价格上体现的十分具体。现在可以说国家标准红木名录上的三十三个红木树种，在原木批发市场上价格都非常清楚，所以认清楚红木的具体树种对于砍价来讲非常重要。二是品质，红木的树种虽然很重要，但更重要的是品质。较为典型的例子，如黄花梨、海南黄花梨和越南黄花梨，虽然在很多方面很相像，但是由于生长环境不同，木材的密度、质量等都有很大的差别。海黄在诸多方面都优于越黄。像这样的例子在红木当中比比皆是，如小叶紫檀也是这样，等等。所以，认清楚品质，对于砍价极为重要。三是时代，红木的时代特征对于红木的价格也有影响。老红木的价格优于新红木，这不仅是在陈化程度上，而且反应在红木的各个方面。所以要搞清楚时代，如果能指出不到代等瑕疵，则必然能够成为砍价的利器。从精致程度上看，红木在做工上明显可以分为精致、普通、粗糙三个等级，那么其价格自然也是根据等级错落有致，所以将自己要购买的红木纳入相应的等级，也是砍价的基础。总之，红木的砍价技巧涉及时代、树种、品质、雕工、纹饰、重量、大小等诸多方面，从中找出缺陷，必将成为砍价利器。

老挝红酸枝簪子

第三节　懂保养

一、清 洗

　　清洗是收藏到红木之后很多人要进行的一项工作，目的就是要把红木表面及其断裂面的灰土和污垢清除干净。但在清洗的过程当中，首先要保护红木不受到伤害。一般不采用直接放入水中来进行清洗，而是应该用软布。但要将软布蘸水后，尽力拧干，之后用来擦洗。在软布上水干与不干之间最好，但至少要确保红木上不能有水。水一般要用无菌的纯净水。遇到未除干净的污渍，可以用牛角刀进行试探性的剔除，如果还未洗净，请送交专业修复机构进行处理，千万不要强行剔除，以免伤害红木。

红酸枝圈椅·当代仿明清

红酸枝圈椅·当代仿明清

红酸枝茶几·当代仿明清

二、修　复

　　红木历经沧桑风雨，大多数需要修复。修复工作主要包括拼接和配补两部分。拼接就是用黏合剂把破碎的红木片重新黏合起来。拼接工作十分复杂，有时想把它们重新粘合起来也十分困难，一般情况下主要是根据共同点进行组合。如根据红木的造型、纹理、纹饰等特点，逐块进行拼对，之后再进行调整。一般情况下拼接完成就已经完成了考古修复，只有商业修复需要再将红木配补到原来的形状。

三、防止暴晒

　　红木最忌阳光暴晒，长时间的阳光直射，会使红木产生龟裂。其实，这一点对于任何木材都是这样。另外，光照也会改变红木的颜色，虽然并不严重，但的确是会有改变。

四、防止污染

　　红木很容易受到化学反应危害，尤其是在人工的环境当中，所受到的污染威胁是巨大的。洗澡时洗发水等都有可能会对其造成伤害。所以，红木手串等在洗澡、洗手臂时应卸下来保存。另外，酒精也不能与红木接触，更不能擦拭红木；同样碱水也是。总之，使红木不宜受到来自于保存环境、把玩、包装运输等各个环节的污染，应使各个环境中的污染物含量达到标准。

黄花梨摆件

油梨把件

五、日常维护

　　红木日常维护的第一步是进行测量，对红木的长度、高度、厚度等有效数据进行测量。目的很明确，就是对红木进行研究，以及防止被盗或是被调换。第二步是进行拍照，如正视图、俯视图和侧视图等，给红木保留一个完整的影像资料。第三步是建卡，红木收藏当中很多机构，如博物馆等，通常给红木建立卡片。卡片上登记内容如名称，包括原来的名字和现在的名字，以及规范的名称；其次是年代，就是这件红木的制造年代、考古学年代；还有质地、功能、工艺技法、形态特征等的详细文字描述。这样我们就完成了对古红木收藏最基本的工作。第四步是建账，机构收藏的红木，如博物馆通常在测量、拍照、卡片、包括绘图等完成以后，还需要入国家财产总登记账和分类账两种。一式一份，不能复制，主要内容是将文物编号，有总登记号、名称、年代、质地、数量、尺寸、级别、完残程度，以及入藏日期等。总登记账要求有电子和纸质两种，是文物的基本账册。藏品分类账也是由总登记号、分类号、名称、年代、质地等组成，以备查阅。

红酸枝茶杯·当代仿古

小叶紫檀串珠

红酸枝茶几·当代仿明清

六、相对温度

红木的保养室内温度也很重要。特别是对于经过修复复原的红木，温度尤为重要。因为一般情况下黏合剂都有其温度的最高临界点，如果超出，就很容易出现黏合不紧密的现象。一般库房温度应保持在 20 ～ 25℃较为适宜。

七、相对湿度

红木在相对湿度上一般应保持在 50% 左右。如果相对湿度过大，红木容易水分增多，变得膨胀，增加腐烂的可能性，对红木不利。同时也不易过于干燥，如果是过于干燥的环境会使红木由于干燥而开裂，降低红木价值。保管时应注意根据红木的具体情况来适度调整相对湿度。

红酸枝茶壶·当代仿古

红酸枝茶几·当代仿明清

小叶紫檀葫芦

第四节　市场趋势

一、价值判断

　　价值判断就是评价值，我们所作了很多的工作，就是要做到能够评判价值，在评判价值的过程中，也许一件红木有很多的价值，但一般来讲我们要能够判断红木的三大价值，即其研究价值、艺术价值、经济价值。当然，这三大价值是建立在诸多鉴定要点基础之上的。研究价值主要是指在科研上的价值，如透过红木，特别是明清红木我们可以看到当时人们日常生活的点点滴滴，以及所蕴藏的诸多历史信息，具有很高的历史研究价值。红木对于历史学、考古、人类学、博物馆学、民族学、文物学等诸多领域都有着重要的研究价值，日益成为人们关注的焦点。艺术价值就更为复杂，如红木的造型艺术、纹饰、材质、包浆、皮色等，都是同时代艺术水平和思想观念的体现。总之，无论古代还是当代的许多红木艺术雕件无不倾注了众

红酸枝圈椅·当代仿明清

红酸枝圈椅·当代仿明清

多艺术大师的心血，具有较高的艺术价值，而我们收藏的目的之一就是要挖掘这些艺术价值。在研究价值和艺术价值的基础上，红木还具有很高的经济价值，且其研究价值、艺术价值、经济价值互为支撑，相辅相成，呈现出正比的关系。研究价值和艺术价值越高，经济价值就会越高；反之，经济价值则逐渐降低。另外，红木还受到"物以稀为贵"、年份、造型、完残等诸多要素的影响，品相优者经济价值就高，反之则低。

二、保值与升值

红木在中国有着悠久的历史。红木在明清时期便开始流行，历经民国，直至当代，人们对其都是趋之若鹜。红木优良的材质，细腻的质地，幻觉般的色调，令人们如痴如醉，也是红木兴盛的根本原因，加之红木较长的生长期，多数几百年的时间才能成材，像紫光檀（东非黑黄檀）等需要一千年左右才能成材。而砍伐仅是几分钟的事情，生长期长和需求之间的矛盾早已铸就了"物以稀为贵"的市场行情。红木的稀缺、贵重是建立在此基础之上。从红木收藏的历史来看，红木是一种盛世的收藏品。在战争和动荡的年代，人们对于红木的追求夙愿会降低；而盛世，人们对红木的情结则会水涨船高，红木会受到人们追捧，趋之若鹜。特别是黄花梨、小叶紫檀、老红木等名品，如海南黄花梨几乎是只涨不跌，特别是近些年来股市低迷、楼市不稳有所加剧，越来越多的人把目光投向了红木收藏市场。在这种背景之下，红木与资本结缘，成为资本追逐的对象，高品质红木的价格扶摇直上，升值数十、上百倍，而且这一趋势依然在迅猛发展。

海黄"梅兰竹菊"君子吊坠　　　　越南黄花梨鱼　　　　　　　　　小叶紫檀"成就大业"

海黄紫油梨耳勺

小叶紫檀蘑菇

从品质上看，对红木品质的追求是永恒的，红木材质很多，并不是所有材质都贵重，红木雕件也并非都是精品力作。但人们对于红木精品的追求源自于对各种美好夙愿的契合，而无疑只有红木精品才能更加贴切地契合，也只有在这个基础上，红木才具有了强劲的保值和升值功能。

从数量上看，对于红木而言已是不可再生，特别是一些名贵红木数量特别少，被人们砍伐殆尽，造成了"物以稀为贵"的市场行情，从而具有很强的保值、升值的功能。

总之，人们对红木趋之若鹜。红木的消费特别大，不断爆出天价。且红木生长又很慢，所以"物以稀为贵"的局面也越发严重。在这种趋势下，红木保值、升值的功能则会进一步增强。

参考文献

[1] 赵汝珍 . 古玩指南 [M]. 长春 : 吉林出版集团有限责任公司 ,2007.

[2] 中华人民共和国国家标准 GB/T18017—2017 红木 .

[3] 中华人民共和国国家标准 GB/T18017—2000 红木 .